AF537604

Experimentelle Untersuchung der Umströmung und des Wärmeübergangs an PKW-Scheibenbremsen

Von der Fakultät für Maschinenbau
der Technischen Universität Carolo–Wilhelmina zu Braunschweig

zur Erlangung der Würde
eines Doktor–Ingenieurs (Dr.-Ing.)
genehmigte Dissertation

von

Dipl.-Ing. Martin Dreyer
aus Hamburg

Eingereicht am: 19.03.2012
Mündliche Prüfung am: 19.09.2012

Referenten: Prof. Dr.-Ing. R. Radespiel
Prof. Dr.-Ing. U. Seiffert

2013

TU Braunschweig - Campus Forschungsflughafen

Berichte aus der Luft- und Raumfahrttechnik

Forschungsbericht 2012-04

Experimentelle Untersuchung der Umströmung und des Wärmeübergangs an PKW-Scheibenbremsen

Martin Dreyer

TU Braunschweig - Institut für Strömungsmechanik

Diese Arbeit erscheint gleichzeitig als von der Fakultät für Maschinenbau der Technischen Universität Carolo-Wilhelmina zu Braunschweig zur Erlangung des akademischen Grades eines Doktor-Ingenieurs genehmigte Dissertation.

Bibliografische Information der Deutschen Nationalbibliothek
Die Deutsche Nationalbibliothek verzeichnet diese Publikation in der Deutschen Nationalbibliografie; detaillierte bibliografische Daten sind im Internet über http://dnb.d-nb.de abrufbar.

Zugl.: Braunschweig, Techn. Univ., Diss., 2012

Herausgeber der CFF Forschungsberichte:
TU Braunschweig - Campus Forschungsflughafen
Hermann-Blenk-Straße 27 • 38108 Braunschweig
Tel: 0531-391-9822 • Fax: 0531-391-9808
Internet: www.campus-forschungsflughafen.de
Mail: cff@tu-braunschweig.de

Printed in Germany.

ISBN 978-3-8440-1679-6
ISSN 0945-2214

Shaker Verlag GmbH • Postfach 101818 • 52018 Aachen
Telefon: 02407 / 95 96 - 0 • Telefax: 02407 / 95 96 - 9
Internet: www.shaker.de • E-Mail: info@shaker.de

Übersicht

In dieser Arbeit werden die Ergebnisse einer grundlegenden experimentellen Untersuchung der Umströmung und des Wärmeübergangs an PKW-Scheibenbremsen diskutiert. Die Ergebnisse liefern neue Erkenntnisse über die komplexen Strömungsvorgänge im Bereich der Bremsanlage und stellen darüber hinaus eine umfangreiche Datenbasis zur Validierung von numerischen Berechnungsverfahren bereit. Die detaillierte Analyse der Strömungsvorgänge erfolgt mit Hilfe von zwei neu konstruierten Versuchsständen, die sowohl die Untersuchung der Grenzschichtströmung und des Wärmeübergangs an einem generischen Bremsscheibenmodell als auch der Bremsscheibenumströmung in einer realitätsnahen Fahrzeugumgebung ermöglichen. Die räumlich hochaufgelöste Vermessung der komplexen, dreidimensionalen Strömungsfelder (Stereoskopische Particle Image Velocimetry) im Bereich der Bremsscheibe sowie der Temperaturfelder (Infrarot-Thermografie) auf der Scheibe erfolgt mit berührungslosen, optischen Messverfahren, durch die eine Beeinflussung der untersuchten Strömung vermieden wird.

Im ersten Testfall einer quer zur Rotationsachse überströmten und beheizten Bremsscheibe wird der Einfluss der Scheibenrotation auf eine turbulente Plattengrenzschicht und der resultierende Effekt auf die Kühlleistung untersucht. Ferner wird die Veränderung der Turbulenzstrukturen durch die Wärmeeinleitung an der Scheibenoberfläche beschrieben und die Auswirkung auf den konvektiven Wärmetransport aufgezeigt. Anhand der Messergebnisse wird nachgewiesen, dass sich die infolge der Scheibenrotation entstehenden Bereiche mit beschleunigter bzw. verzögerter Relativgeschwindigkeit weitestgehend kompensieren, so dass die mittlere konvektive Kühlleistung der Scheibe im Vergleich zu einer reinen Translationsströmung nur insignifikant zunimmt.

Im zweiten Testfall erfolgt eine Untersuchung der Bremsscheibenumströmung im Radhaus eines vereinfachten PKW-Halbmodells mit offenem Luftführungskanal zur gezielten Bremsenanströmung. Ein Radmodell mit Acrylglas-Laufflächen ermöglicht dabei trotz der eingeschränkten Zugänglichkeit zum Radhaus detaillierte Geschwindigkeitsmessungen im Nahfeld der Bremsscheibe. Neben einer Betrachtung der Bremsscheibenumströmung wird die globale Strömungstopologie im Radhaus analysiert. Es wird gezeigt, dass die für den konvektiven Wärmeübergang maßgebliche Umströmung der Bremsscheibe durch den im offenen Luftführungskanal gebildeten Luftstrahl dominiert wird. Dabei wird der Verlauf des Luftstrahls vom Ablöseverhalten an der inneren Reifenflanke bestimmt, welches wiederum maßgeblich durch den Abströmwinkel des Strahls am Austritt des offenen Luftführungskanals beeinflusst wird.

Abstract

In this thesis the results of an extensive experimental investigation of the flow and the heat transfer at car brake disks are discussed. The measurement results give new insights into the flow phenomena in the vicinity of a car braking system and provide a comprehensive experimental data basis for the validation of numerical computation methods. The detailed analysis of the flow phenomena is accomplished by two new designed test rigs, which enable the investigation of the boundary layer flow and the convective heat transfer at a generic brake disk model and furthermore the flow around a brake disk in the wheel house of a realistic car model. The spatially highly resolved measurement of the complex, three-dimensional flow fields (Stereoscopic Particle Image Velocimetry) in the vicinity of the brake disk and the temperature fields (Infrared Thermography) on the disk is performed with non-intrusive, optical measurement techniques, which do not interfere with the investigated flow.

In the first test case of a heated, rotating disk, which is passed by an airstream perpendicular to its axis of rotation, the influence of the rotation on a turbulent boundary layer flow and the resulting impact on the cooling power is investigated. Furthermore the effect of the wall heating on the turbulent structures and its consequence on the convective heat transfer is discussed. It is shown that the disk rotation causes regions with accelerated and decelerated flow, which almost compensate each other, so that the average cooling power only insignificantly improves over a pure translational flow.

In the second test case the flow around a brake disk in the wheel-house of a simplified car-halfmodel is investigated. The car model owns an open air duct to guide the incoming air flow in the direction of the brake disk. The wheel model is equipped with acrylic glass tire treads, which enable detailed velocity measurements directly at the brake disk despite of the restricted access to the wheel-house. In addition to the investigation of the flow pattern in the vicinity of the brake disk, the global flow topology in the wheel house is analyzed. It is demonstrated that the flow and the resulting convective heat transfer is significantly affected by the jet generated in the open air duct. The development of the jet in the wheel house is dominated by the separation behaviour at the inner tire wall, which is in turn mainly influenced by the flow angle of the jet at the air duct exit.

Inhaltsverzeichnis

1 Einleitung **1**

1.1 Motivation 1

1.2 Stand der Forschung 3

1.2.1 Experimentelle Untersuchung der Strömung und des Wärmeübergangs an rotierenden Scheiben 3

1.2.2 Experimentelle Untersuchung der Strömungstopologie im Bereich von PKW-Rädern und Radhäusern 5

1.2.3 Experimentelle Untersuchung der Bremsscheibenumströmung und -kühlung 7

1.3 Zielsetzung und Inhalt der Arbeit 8

2 Windkanal und Modelle **11**

2.1 Modell-Unterschallwindkanal 11

2.2 Generisches Bremsscheibenmodell ohne Fahrzeugumgebung . . . 13

2.2.1 Aufbau des Versuchsstands 13

2.2.2 Aufbau des Bremsscheibenmodells 14

2.3 Vereinfachtes PKW-Halbmodell im Maßstab 1:2.5 16

2.3.1 Randbedingungen der Simulation 16

2.3.2 Aufbau des Versuchsstands 19

3 Mess- und Versuchstechnik **23**

3.1 Particle Image Velocimetry (PIV) 23

3.1.1 Grundbegriffe 23

3.1.2 Stereoskopische Particle Image Velocimetry (SPIV) 24

3.1.3 Optische Abbildungsfehler 27

3.1.4 Messunsicherheit 31

3.2 Infrarot-Thermografie 37

3.2.1 Grundbegriffe 37

3.2.2 Ungleichförmigkeitskorrektur und Kalibrierung 39

3.2.3 Messunsicherheit 43

3.3 Messung der elektrischen Leistung 44

3.3.1 Messprinzip 44

3.3.2 Messunsicherheit 45

4 Aerodynamische Untersuchungen am generischen Bremsscheibenmodell **47**

4.1 Experimenteller Aufbau und Durchführung 47

4.1.1 SPIV-Messungen 47

4.1.2 Infrarot- und Heizleistungsmessungen 58
4.1.3 Versuchsparameter 61
4.2 Strömungsfeld an der Scheibe 62
4.2.1 Strömungsfeld ohne Wärmeübergang 62
4.2.2 Strömungsfeld mit Wärmeübergang 71
4.3 Wärmeübergang an der Scheibe 77
4.3.1 Temperaturverteilungen 78
4.3.2 Kühlkennfelder 83
4.4 Fazit 89

5 Aerodynamische Untersuchungen am vereinfachten PKW-Halbmodell 91
5.1 Experimenteller Aufbau und Durchführung 91
5.1.1 SPIV-Messungen 91
5.1.2 Versuchsparameter 97
5.2 Bremsscheibenumströmung 98
5.2.1 Bremsscheibenzuströmung 98
5.2.2 Strömungsfeld im Bereich der Bremsscheibe 109
5.2.3 Strömungsfeld im Bereich der Felgenöffnungen 119
5.3 Globale Strömungstopologie im Radhaus 122
5.4 Fazit 125

6 Zusammenfassung und Ausblick 129

Literaturverzeichnis 140

Nomenklatur 141

Anhang 147

1 Einleitung

1.1 Motivation

Während des Bremsvorgangs wird die kinetische Energie eines Kraftfahrzeugs durch die Reibung zwischen Bremsbelag und Scheibe zu einem Großteil in Wärme umgewandelt. Dabei hängt die Größe der umzuwandelnden kinetischen Energie linear von der Fahrzeugmasse und quadratisch von der Fahrzeuggeschwindigkeit ab. Die in den letzten Jahren festzustellende Entwicklung zu wachsenden Fahrzeuggewichten und Motorleistungen führt somit zu einer deutlich erhöhten thermischen Belastung der Bremsanlage (Braess und Seiffert 2007). Die erzeugte Wärmeenergie wird während des Bremsmanövers von der Bremsscheibe gespeichert und durch konvektive Kühlung, Wärmeleitung zu Anbaukomponenten (Bremssattel, Felge etc.) und bei höheren Temperaturen auch nennenswert über Wärmestrahlung abgeführt, siehe Energiebilanz einer Bremsscheibe in Abbildung 1.1. Die starke Temperaturerhöhung der Bremsscheibe infolge des Bremsvorgangs kann insbesondere bei Temperaturen von über 700 °C zu einem massiven Abfall des Reibwertes zwischen Bremsbelag und Bremsscheibe führen, vgl. idealisierter Reibwertverlauf in Abbildung 1.1. Dadurch kann es vor allem bei wiederholten Bremsvorgängen zu einer erheblichen Bremswegverlängerung kommen, dem sogenannten *Fading*. Zusätzlich kann eine hohe dauerhafte thermische Belastung der Bremsscheibe zur Materialermüdung führen sowie Bremskraftschwankungen (*thermisches Rubbeln*) infolge von fleckenhaften Veränderungen der Bremsscheibe hervorrufen, die auch als *Hot Spots* bezeichnet werden (Breuer und Bill 2006).

Neben der Fahrzeugenergie und -masse wird die Temperaturerhöhung entscheidend vom Wärmespeichervermögen der Bremsscheibe bestimmt. Die Änderung der Wärmenergie ΔQ_S berechnet sich dabei aus dem Produkt der Temperaturerhöhung der Bremsscheibe ΔT_S, der spezifischen Wärmekapazität $c_{p,S}$ und der Bauteilmasse m_S zu $\Delta Q_S = \Delta T_S \cdot c_{p,S} \cdot m_S$. Größere Bremsscheiben würden durch die erhöhte Bauteilmasse somit direkt zu einer Abnahme der Temperaturerhöhung führen. Diese Maßnahme ist in der Praxis jedoch aufgrund des limitierten Einbauraumes sowie des erhöhten Fahrzeuggewichtes nur begrenzt umsetzbar. Auch die Beeinflussung der spezifischen Wärmekapazität durch Wahl neuer Materialpaarungen (z.B. Bremsscheiben aus kohlefaserverstärkter Keramik) ist aufgrund der erhöhten Kosten nur für Hochleistungsanwendungen, wie Luxus- oder Sportfahrzeuge, realisierbar (Breuer und Bill 2006).

Vor diesem Hintergrund spielt die Kühlung der Bremsanlage durch erzwungene Konvektion eine wichtige Rolle, da sie maßgeblich die Abkühlzeit zwischen

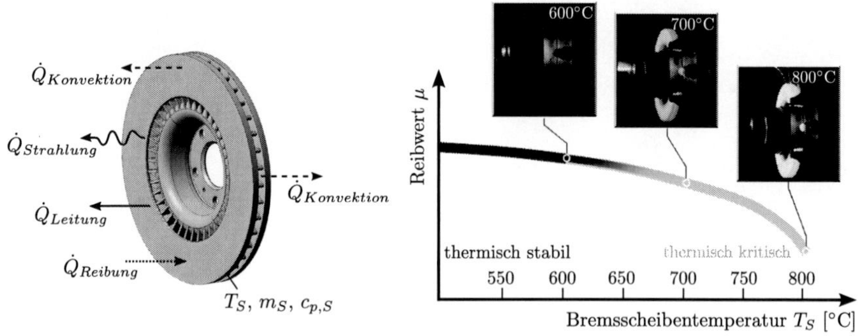

Abbildung 1.1: Energiebilanz für die Bremsscheibe (linkes Bild) und idealisierter Verlauf des Reibwerts in Abhängigkeit der Bremsscheibentemperatur (rechtes Bild, Abbildung mit freundlicher Genehmigung der *Volkswagen AG*).

zwei Bremsvorgängen bestimmt. Die konvektive Kühlung wird dabei stark durch die Strömungsführung im Radhaus und im Nahbereich der Bremsanlage beeinflusst, so dass mit Hilfe unterschiedlicher konstruktiver Maßnahmen – wie z.B. innenbelüfteten Bremsscheiben und einer optimierten Luftführung mit Hilfe von Luftleitblechen und Luftführungskanälen – versucht wird, die Kühlleistung zu verbessern. Allerdings steht die direkte Kühlluftzufuhr häufig im Konflikt mit einer verstärkten Verschmutzung der Bremsscheibe durch Spritzwasser oder Streusalz, die sich wiederum reibwertmindernd auswirkt. Darüber hinaus ist der Widerstand von Rädern und Radhaus, der bei üblichen Personenkraftwagen ca. 25% des Gesamt-Fahrzeugwiderstandes beträgt (Wickern et al. 1997), eng mit der Optimierung der konvektiven Bremsenkühlung verzahnt. Um eine effektive Bremsscheibenkühlung zu erzielen, ist beispielsweise eine ausreichende Durchströmung der Felge erforderlich. Durch die Ventilation können allerdings insbesondere an den Felgenöffnungen Turbulenzen erzeugt werden, die den Widerstand des Rades erhöhen. Ferner werden zur Widerstandsreduktion zunehmend strömungsgünstige Verkleidungen im Bereich des Unterbodens und der Radhäuser installiert, die durch die zunehmende Verbauung häufig eine Verschlechterung der Bremsenkühlung nach sich ziehen. Bei der Luftführung im Radhaus muss somit immer ein Kompromiss aus Kühlwirkung und Luftwiderstand eingegangen werden.

Die Optimierung der Bremsanlage hinsichtlich des thermischen Verhaltens ist somit von unterschiedlichsten Anforderungen und Randbedingungen geprägt, die zwingend ein umfassendes Verständnis der komplexen Strömungsvorgänge im Radhaus erfordern. Dabei sind sowohl das durch Strömungsablösungen charakterisierte, dreidimensionale Strömungsfeld im Radhaus als auch die maßgeblich von der Radrotation beeinflusste Grenzschichtströmung im Nahfeld der Bremsscheibe für die konvektive Kühlleistung entscheidend. Im Rahmen dieser Arbeit wird die Strömung im Bereich von Bremsscheiben anhand verschiedener Windkanalversuche an einer generischen Bremsscheibe sowie einem PKW-Halbmodell umfassend experimentell untersucht. Neben dem Verständnis der Strömungsmechanismen an der Bremsscheibe und im Radhaus dienen die experimentellen Daten zur Validierung von numerischen Berechnungsmethoden, die zukünftig eine zuverlässige Simulation des Strömungs- und Wärmeübertragungsverhaltens im Bereich der Bremsanlage ermöglichen sollen. Eine ausführliche Beschreibung des auf den Reynolds-gemittelten Navier-Stokes-Gleichungen basierenden, numerischen Verfahrens und der dazugehörigen Simulationsergebnisse findet sich in der Dissertation von Körner (2009).

1.2 Stand der Forschung

1.2.1 Experimentelle Untersuchung der Strömung und des Wärmeübergangs an rotierenden Scheiben

Der einfachste Ansatz zur Modellierung einer PKW-Bremse besteht darin, die Bremsscheibe durch eine massive Scheibe zu simulieren, die um eine Achse senkrecht zu ihrer Ebene rotiert. Als Folge der Haftbedingung wird das Fluid auf der Scheibenoberfläche durch die Rotationsbewegung in Umfangsrichtung mitgenommen und gleichzeitig durch die Zentrifugalkräfte nach außen geschleudert. In axialer Richtung werden neue Fluidteilchen nachgeführt, die zu einer Art Pumpbewegung führen. Die entstehende dreidimensionale Strömung stellt aufgrund der Symmetrie eine exakte Lösung der Navier-Stokes-Gleichungen dar und wurde erstmals von von Kármán (1921) analytisch untersucht. Durch Überlagerung dieser Rotationsbewegung mit einer Translationsströmung senkrecht zur Rotationsachse der Scheibe lässt sich in vereinfachter Form die Strömung an einer freiliegenden Bremsscheibe simulieren.

Die in der Literatur zu findenden experimentellen Untersuchungen beziehen sich im Wesentlichen auf den Grenzfall einer im ruhenden Fluid rotierenden Scheibe. Ein Schwerpunkt der Arbeiten liegt dabei auf der Analyse der komplexen Strömungsphysik der dreidimensionalen, turbulenten Scheibengrenzschicht. Zur experimentellen Bestimmung der Turbulenzgrößen wurden dabei schwerpunktmäßig Hitzdrahtsonden (Littell und Eaton 1994, Cham und Head 1969) oder spezielle Grenzschicht-Drucksonden eingesetzt (Kang et al. 1998).

Ein weiterer Fokus liegt auf der Untersuchung des konvektiven Wärmeübergangs an beheizten Scheiben. Dieser ist von besonderem Interesse, da die thermische Analyse von rotierenden Bauteilen in vielen technischen Anwendungen, wie beispielsweise Elektromotoren und Gasturbinen, eine wichtige Rolle spielt. Eine Vielzahl der Komponenten lässt sich dabei stark idealisiert durch eine rotierende Scheibe darstellen. Die erste experimentelle Bestimmung des Wärmeübergangs an einer rotierenden Scheibe wurde von Young (1956) bei laminarer Scheibengrenzschicht durchgeführt. Bei diesem Strömungszustand ergeben sich neben der erzwungenen Konvektion erhebliche Anteile an natürlicher Konvektion. Die Studien von Cobb und Saunders (1956) und Richardson und Saunders (1963) deckten einen höheren Reynolds-Zahl-Bereich ab und betrachteten zusätzlich den Wärmeübergang bei turbulenter Grenzschicht. Alle genannten Arbeiten bestimmen die Wärmeübergangskoeffizienten durch Messung der eingesetzten Heizleistung und anschließende Aufstellung der Energiebilanz. Die Strahlungs- und Wärmeleitungsverluste wurden dabei auf Grundlage einzelner Temperaturmessstellen berechnet. Zur Erfassung der flächigen Temperaturverteilung auf der Scheibe wurde von Cardone et al. (1996) und Astarita und Cardone (2008) statt einzelner Sensoren eine Infrarot-Kamera zur Temperaturmessung eingesetzt. Weitere Ansätze zur Bestimmung des Wärmeübergangs an einer rotierenden Scheibe finden sich in den Veröffentlichungen von Popiel und Boguslawski (1975) und Kreith et al. (1959). In der Arbeit von Popiel und Boguslawski (1975) wurden die Wärmeübergangskoeffizienten mit Hilfe eines in der Scheibe eingelassenen Kalorimeters bestimmt. Kreith et al. (1959) verwendete eine Massetransport-Analogie, um den Wärmeübergang aus dem durch Sublimationsprozesse entstehenden Masseverlust einer Naphathalin-Beschichtung zu bestimmen.

Eine Reihe von Veröffentlichungen beschäftigt sich zudem speziell mit den Eigenschaften der Grenzschicht an einer beheizten, rotierenden Scheibe. Der Einfluss der Wandheizung auf die Geschwindigkeitsprofile bei laminarer Grenzschicht wurde beispielsweise von Miwa et al. (2002) unter Verwendung der Ultraschall-Doppler-Methode untersucht. Eine Analyse des Impuls- und Wärmetransports in der turbulenten Scheibengrenzschicht findet sich in der Arbeit von Elkins und Eaton (2000). Die Vermessung der Geschwindigkeits- und Temperaturverteilungen in der Grenzschicht wurde dabei mit Hilfe spezieller Hitzdrahtsonden durchgeführt.

Ferner finden sich in der Literatur eine Vielzahl von Studien, die sich mit der Strömung und dem Wärmeübergang in Rotor-Stator-Systemen befassen. Eine gute Übersicht zu diesem Thema findet sich in Owen und Rogers (1989). In neueren Studien wurde zur Vermessung der Temperaturverteilungen vor allem Infrarot- (Harmand et al. 2000, Pellé und Harmand 2008) und auch Flüssigkristall-Thermografie (Yuan et al. 2003) eingesetzt. Daneben wurden berührungsfreie, optische Geschwindigkeitsmessverfahren wie **P**article **I**mage **V**elocimetry (PIV) verwendet, um das Geschwindigkeitsfeld im Spalt zwischen Rotor- und Statorscheibe zu bestimmen (Harmand et al. 2000).

Neben dem Grenzfall einer rotierenden Scheibe in ruhender Umgebung, ist ebenfalls der Grenzfall einer überströmten stationären Scheibe bzw. Platte in der Vergangenheit ausführlich untersucht worden. Eine umfassende Untersuchung des Wärmeübergangs an einer ebenen, turbulenten Plattengrenzschicht für unterschiedliche thermische Randbedingungen findet sich beispielsweise in Reynolds et al. (1958a), Reynolds et al. (1958b) und Reynolds et al. (1958c).

Für den zur Analyse der Bremsscheibenumströmung technisch relevanten Fall einer kombinierten Rotations- und Translationsströmung sind dagegen in der Literatur nahezu keine experimentellen Daten verfügbar. Die Arbeit von Dennis et al. (1970) behandelt den Wärmeübergang an einer überströmten, rotierenden Scheibe ohne Anlaufstrecke für verschiedene Kombinationen von Translations- und Rotations-Reynolds-Zahlen. Die Ermittlung der mittleren Wärmeübergangskoeffizienten erfolgte, ähnlich wie bei Cobb und Saunders (1956), auf Basis der eingesetzten Heizleistung und der über einzelne Thermoelemente gemessenen Scheibentemperaturen. Allerdings ergaben sich durch die Versuchsrandbedingungen (Turbulenz der Zuströmung, Geometrie der Scheibenvorderkante) für die beiden Grenzfälle – rotierende Scheibe in ruhendem Fluid und überströmte, stationäre Scheibe – deutliche Abweichungen zu bestehenden experimentellen Daten.

Zudem gibt die Veröffentlichung keine Auskunft über die gewählten Scheibentemperaturen, wodurch Rückschlüsse auf Abhängigkeiten des Wärmeübergangskoeffizienten von der Temperatur nicht möglich sind. Experimentelle Daten zum dreidimensionalen Geschwindigkeitsfeld auf einer überströmten, rotierenden Scheibe existieren in der Literatur bislang nicht. Lediglich die numerischen Simulationen von aus der Wiesche (2002) und aus der Wiesche (2007) liefern für den kombinierten Strömungsfall Informationen über das Strömungsfeld auf der Scheibe. Die Validierung der Simulationen erfolgte dabei durch Abgleich der berechneten Wärmeübergangskoeffizienten mit den experimentellen Daten von Dennis et al. (1970).

Der Überblick zeigt, dass sich der Großteil der Arbeiten mit den beiden Grenzfällen einer reinen Rotations- bzw. einer reinen Translationsströmung befasst. Der einer Bremsscheibenumströmung ähnelnde Strömungsfall einer kombinierten Rotations- und Translationsströmung ist in der Vergangenheit nahezu nicht untersucht worden. Die einzigen verfügbaren Messungen liefern über die Scheibe gemittelte Wärmeübergangskoeffizienten, deren Genauigkeit infolge der Versuchsrandbedingungen eingeschränkt ist. Zum dreidimensionalen Strömungsfeld auf der Scheibe existieren bislang keine experimentellen Daten.

1.2.2 Experimentelle Untersuchung der Strömungstopologie im Bereich von PKW-Rädern und Radhäusern

Die Motivation zur Untersuchung der Strömung im Bereich von Rädern und Radhäusern ist vor allem in dem erheblichen Widerstandsbeitrag dieser Bauteile begründet. Bei Fahrzeugen mit glattem Unterboden kann der Widerstand der Räder bis zu 50%, bei einem PKW mit üblichem, funktional gestaltetem Unterboden immer noch ca. 25% des Fahrzeug-Gesamtwiderstandes ausmachen (Wickern et al. 1997). Rad und Reifen stellen einen stumpfen Körper dar, der durch die divergierende Strömung unter dem Fahrzeug schiebend angeströmt wird und somit einen erheblichen Widerstand erzeugt. Darüber hinaus ist das Strömungsfeld im Radhaus durch Ablösungen und starke Verwirbelungen geprägt, die weitere

Strömungsverluste nach sich ziehen. Der Großteil der in der Literatur zu findenden experimentellen Untersuchungen beschäftigt sich daher mit dem Einfluss der Radumströmung auf die Strömungsverluste und den daraus resultierenden aerodynamischen Widerstand. Die Arbeiten umfassen dabei sowohl Untersuchungen an isolierten Rädern als auch an Rädern in der Umgebung eines Radhauses.

Die Umströmung von isolierten bzw. freiliegenden Rädern wird ausführlich in den frühen Arbeiten von Morelli (1969), Stapleford und Carr (1970), Fackrell und Harvey (1975) und Cogotti (1983) diskutiert. Zur Analyse der Radumströmung wurden dabei schwerpunktmäßig Druckverteilungsmessungen über den Umfang des Rades, Kraftmessungen sowie einfache Strömungsvisualisierungen mit Fäden durchgeführt. In den genannten Studien wird insbesondere der Einfluss verschiedener Versuchsrandbedingungen – wie Radgeometrie, Radrotation und Bodensimulation – auf die Strömungstopologie und die aerodynamischen Kräfte am Rad analysiert. In einer neueren Studie haben Saddington et al. (2007) den Nachlauf eines isolierten Formel 1-Rades mit Hilfe von **L**aser-**D**oppler-**A**nemometrie (LDA) vermessen, um die dominanten Wirbelstrukturen und deren Einfluss auf den Radwiderstand zu untersuchen.

Eine Reihe weiterer Untersuchungen beschäftigt sich zudem mit der Umströmung von Rädern in Radhäusern. Oswald und Browne (1981) haben die Strömungstopologie um ein Vorderrad anhand von Fahrversuchen auf der Straße analysiert. Dazu wurde an einem Vorderrad ein mit Fäden beklebtes Gitter installiert und das resultierende Strömungsbild von einem weiteren Fahrzeug gefilmt. Die Untersuchungen von Cogotti (1983) verdeutlichen, dass sich die Umströmung des Rades im Radhaus im Vergleich zu einem freiliegenden Rad grundlegend ändert. Eine Variation des Volumenverhältnisses von einem generischen Rad und Radhaus zeigte darüber hinaus, dass sich sowohl die Umströmung als auch die gemessenen Kräfte durch das Volumenverhältnis merklich beeinflussen lassen. Die Studie von Fabijanic (1996) befasst sich mit der Analyse der Strömungsverhältnisse in einem generischen Radhaus auf Basis von Wanddruckmessungen und Ölanstrichbildern. Die gewonnenen Messdaten lassen jedoch lediglich Rückschlüsse auf die Strömung im Nahwandbereich des Radhauses zu. In der Arbeit von Skea und Bullen (2000) wurden ebenfalls Druckverteilungsmessungen und Strömungsvisualisierungen in einem vereinfachten Radhaus durchgeführt, um numerische Rechnungen zu validieren. Thivolle-Cazat und Gillieron (2006) untersuchten die am Rad und Radhaus abgehenden Wirbelstrukturen vor dem Hintergrund Strömungskontrolltechniken zur Widerstandsreduktion zu entwickeln. Zu diesem Zweck wurden PIV-Messungen an der äußeren Radfläche eines stark vereinfachten Fahrzeughalbmodells durchgeführt. Das Geschwindigkeitsfeld im inneren Bereich des Radhauses wurde dabei nicht betrachtet. Eine umfangreiche Analyse des Einflusses der Radrotation auf die Strömungstopologie und die aerodynamischen Kräfte am Rad findet sich unter anderem in der Arbeit von Wäschle (2006). In dieser Studie wurden sowohl numerische Simulationen als auch experimentelle Untersuchungen an einem realitätsnahen Fahrzeugmodell durchgeführt.

Die mit einem Laser-Doppler-Anemometer vermessenen Geschwindigkeitsfelder geben Aufschlüsse über die entstehenden Wirbelsysteme an der Außenseite des Rades, experimentelle Daten zum Geschwindigkeitsfeld innerhalb des Radhauses sind jedoch nicht verfügbar.

Die Literaturübersicht zeigt, dass die Strömungstopologie an freiliegenden Rädern als auch im Außenbereich des Radhauses bereits in einigen Arbeiten ausführlich diskutiert wurde. Die prägenden Strömungsmechanismen im Inneren des Radhauses sind aus experimenteller Sicht dagegen weit weniger bekannt. Dies ist vor allem darauf zurückzuführen, dass Karosserie, Rad und Achsbauteile die Zugänglichkeit stark einschränken und insbesondere die Vermessung des Geschwindigkeitsfeldes im Radhaus erschweren. Die Aspekte der Bremscheibenanströmung werden in den bisher genannten Arbeiten nicht betrachtet, häufig bleibt die Bremsscheibe als Bauteil gänzlich unberücksichtigt.

1.2.3 Experimentelle Untersuchung der Bremsscheibenumströmung und -kühlung

Experimentelle Untersuchungen die sich direkt mit der Bremsscheibenumströmung und -kühlung befassen, sind in der Literatur kaum vertreten. Die gekapselte Lage der Bremsscheibe im Felgentopf erschwert die Durchführung von Messungen im Nahbereich der Bremse noch einmal erheblich. Die einzigen dem Autor bekannten Geschwindigkeitsmessungen an einer Bremsscheibe wurden von Brizzi et al. (2004) durchgeführt. Für die Untersuchungen wurde ein vereinfachtes, isoliertes Radmodell verwendet, an dem einzelne Strömungsfelder mit Hilfe von PIV vermessen wurden. Punktuelle Geschwindigkeitsmessungen mit einem Flügelradanemometer wurden von Decker und Körner (2002) in der Bremsscheibenzuströmung eines *Volkswagen Phaeton* durchgeführt. Die Daten dienten zur Validierung von numerischen Simulationen, auf deren Basis die Effektivität verschiedener Luftführungsmaßnahmen bewertet wurde.

Die Arbeit von Barnard et al. (2002) beschäftigt sich mit der Wechselwirkung zwischen Motorraumdurchströmung und Bremsenzuströmung sowie deren Einfluss auf den Fahrzeugwiderstand. Die an einem vereinfachten Fahrzeugmodell gewonnenen Messdaten beschränken sich jedoch auf Kraft- und Druckverteilungsmessungen.

Die weiteren verfügbaren experimentellen Daten stammen in der Regel aus Messfahrten (Lee 1999, Hopf und Gauch 2000) oder Prüfstandsversuchen (Repmann 2002) und wurden überwiegend zur Validierung numerischer Simulationen herangezogen. Der Abgleich erfolgte auf Basis der gemessenen Temperaturen und Wärmeübergangskoeffizienten, die zwar Informationen über das Kühlverhalten, jedoch nur bedingt über das ursächliche Strömungsfeld liefern können. Darüber hinaus wurde in den Prüfstandsversuchen die Kühlleistung der Bremse unter Vernachlässigung des Fahrtwindes und der Radhausausführung bestimmt. Die Untersuchungen an Schwungmassenprüfständen dienen somit hauptsächlich der

Geometrieoptimierung von Bremsscheiben und Abdeckblechen, die den konvektiven Wärmeübergang an der Bremsanlage – beispielsweise durch geeignete Ventilationsöffnungen – verbessern sollen. Eine umfangreiche analytische Betrachtung der aus Prüfstandsversuchen gewonnenen Kühlleistungskurven findet sich insbesondere in den Arbeiten von Sisson (1978) und Schulz und Gudlin (1989).

Die genannten Untersuchungen stützen sich somit überwiegend auf die punktuelle Messung von Geschwindigkeiten, Druck und Temperaturen und nehmen darüber hinaus teilweise signifikante Vereinfachungen der Versuchsrandbedingungen in Kauf. Eine hinreichende experimentelle Datenbasis unter realitätsnahen Randbedingungen, die sowohl das Verständnis der komplexen Strömungsphysik bei der Bremsenumströmung verbessert als auch eine umfassende Validierung von numerischen Simulationen ermöglicht, ist bislang nicht vorhanden.

1.3 Zielsetzung und Inhalt der Arbeit

Im Rahmen dieser Dissertation wird zum ersten Mal grundlegend die Umströmung und der Wärmeübergang an PKW-Scheibenbremsen experimentell untersucht. Durch die Verwendung speziell konstruierter Versuchsstände (Kapitel 2) und den Einsatz optischer Messtechniken (Kapitel 3) konnten dabei umfangreiche, bisher nicht vorhandene Messdaten im Nahbereich der Bremsscheibe erfasst werden. Ziel dieser Arbeit ist ein besseres Verständnis der komplexen Strömungsphysik im Radkasten und im Bereich der Bremsscheibe, so dass in Kombination mit numerischen Simulationen zukünftig eine zielgerichtete Verbesserung der Bremsenkühlung möglich ist, wie z.B. die Entwicklung neuartiger Luftleitmaßnahmen. Die im Partnerprojekt entwickelte Berechnungsmethode zur thermischen Analyse von PKW-Scheibenbremsen nutzt die erzeugten Messdaten zu einer detaillierten, in dieser Form bisher nicht möglichen Validierung der durchgeführten numerischen Simulationen, siehe Körner (2009).

In einem ersten Testfall wurden die Umströmung und Kühlung eines einfachen Bremsscheibenmodells ohne Fahrzeugumgebung untersucht (Kapitel 4). Zu diesem Zweck wurden zunächst Versuche an einer überströmten, rotierenden und beheizten Scheibe durchgeführt. Die sich entwickelnde dreidimensionale Grenzschicht tritt in komplexerer Form an Scheibenbremsen auf und liefert somit ein grundlegendes Verständnis der Strömungsvorgänge im Nahbereich der Bremsscheibe. Eine nähere Erläuterung des hierfür konstruierten Versuchsstands findet sich in Kapitel 2.2. Zur Analyse der dreidimensionalen Grenzschicht wurden hochaufgelöste Geschwindigkeitsmessungen mit Hilfe von **s**tereoskopischer **P**article **I**mage **V**elocimetry (SPIV) durchgeführt. In Kapitel 4.2 werden die Geschwindigkeitsverteilung und die turbulenten Schwankungsbewegungen für unterschiedliche Positionen auf der Scheibe analysiert. Die einfache Geometrie des Modellversuchs ermöglichte darüber hinaus – unter Verwendung eines thermografischen Messsystems – detaillierte Messungen der Temperaturverteilungen auf der Scheibe. Durch gleichzeitige Bestimmung der aufgewendeten Heizleistung konnte zusätzlich der konvektive Wärmeübergang an der beheizten Scheibe ermittelt und dessen Abhängigkeit von der Scheibenrotation analysiert werden. Aus den Messdaten wurden Kühlkennfelder erzeugt, die unter anderem Informationen über die Abhängigkeit des Wärmeübergangs von der Scheibentemperatur liefern (Kapitel 4.3). Die Messdaten erweitern die bisher in der Literatur verfügbaren Kennfelder aus Prüfstandversuchen, bei denen der Wärmeübergang durch erzwungene Konvektion vernachlässigt wird.

Im zweiten Testfall wurde die isotherme Bremsscheibenumströmung in einem vereinfachten *Volkswagen Phaeton* - Fahrzeugmodell (Maßstab 1:2,5) untersucht (Kapitel 5). Durch einen speziellen Versuchsaufbau, der den optischen Zugang von Kameras und Laser in allen relevanten Bereichen erlaubt, war es möglich detaillierte SPIV-Messungen im Bereich des gesamten Radkastens durchzuführen. Ein Radmodell mit Acrylglas-Laufflächen ermöglichte darüber hinaus umfangreiche Geschwindigkeitsmessungen innerhalb der Radfelge im Nahfeld der Bremsscheibe. In diesem Bereich waren Messungen aufgrund der schwierigen Zugänglichkeit bisher nur stark eingeschränkt möglich. Mit der SPIV-Technik lassen sich in den gewählten Messebenen alle drei Geschwindigkeitskomponenten erfassen, was hinsichtlich des Verständnisses der komplexen, dreidimensionalen Strömung im Radhaus von großer Bedeutung ist. Ein weiterer Vorteil des optischen Verfahrens ist, dass die Strömung im Gegensatz zu den üblicherweise eingesetzten, klassischen Geschwindigkeitsmessverfahren (z.B. Hitzdraht, Drucksonden und Flügelräder) nicht beeinflusst wird. Aufgrund der vorhandenen Wärmeübergangsdaten aus den Untersuchungen am generischen Bremsscheibenmodell sowie der hohen Komplexität des Versuchsaufbaus wurden alle Experimente an einer unbeheizten Bremsscheibe durchgeführt. Eine genaue Beschreibung des für die Experimente entwickelten Versuchsstands ist in Kapitel 2.3 zu finden.

Die Analyse der Messdaten in Kapitel 5.2 liefert neue Erkenntnisse über die Strömungsmechanismen im Radkasten und insbesondere im Inneren der Radfelge, welche den konvektiven Wärmeübergang an der Bremsscheibe entscheidend beeinflussen. Dabei werden systematisch die Anströmung der Bremsscheibe über einen Luftführungskanal, die Umströmung der Bremsscheibe und der Austritt der Luft aus der Radfelge analysiert. Ferner wird der Einfluss verschiedener Versuchsrandbedingungen, wie z.B. der Radrotation und der Geometrie des offenen Luftführungskanals im Unterboden, diskutiert und die Abhängigkeiten der Radhausdurchströmung von den gewählten Parametern aufgezeigt.

2 Windkanal und Modelle

2.1 Modell-Unterschallwindkanal

Alle Versuche wurden im **M**odell-**U**nterschallwindkanal-**B**raunschweig (MUB) des Instituts für Strömungsmechanik der TU Braunschweig durchgeführt. Eine Skizze des Windkanals ist in Abbildung 2.1 dargestellt. Der MUB ist ein atmosphärischer Windkanal Göttinger Bauart mit austauschbarer Messstrecke. Die Experimente wurden jeweils in der geschlossenen Messstrecke mit einem Querschnitt von $1.3 \times 1.3 \times 3\,\text{m}^3$ (Düsenkontraktionsverhältnis: 4.91) durchgeführt, in der unter Verwendung eines 300 kW-Gleichstrommotors Geschwindigkeiten bis zu 60 m/s realisiert werden können. Der Aufbau der Messstrecke ist modular, so dass mit Hilfe von austauschbaren Wänden ein flexibler, optischer Zugang erreicht wird. Dadurch sind Untersuchungen mit optischen Strömungsmesstechniken aus unterschiedlichen Positionen möglich. Durch den installierten Wärmetauscher wird die Temperatur der Strömung bei gleichbleibender Strömungsqualität auf ±0.5% konstant gehalten. Die Strömungsgeschwindigkeit variiert nach Moeller et al. (2003) 1.5 m hinter dem Düsenaustritt über den Querschnitt der Messstrecke weniger als 0.5%. Für den Turbulenzgrad ergibt sich bei einer Geschwindigkeit von 53 m/s und einem Frequenzbereich von 0 – 25 kHz ein Wert von 0.2%.

Durch die Verdrängungswirkung des Modells und seines Nachlaufes erhöht

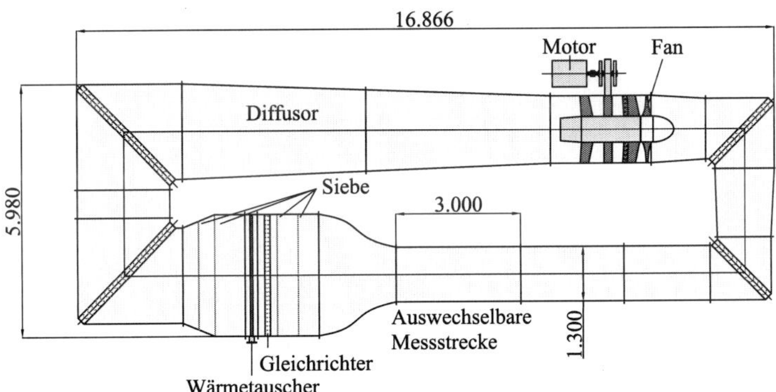

Abbildung 2.1: Modell-Unterschallwindkanal (MUB) des Instituts für Strömungsmechanik der TU-Braunschweig (Zahlenwerte in Meter).

sich in der geschlossenen Messstrecke die Strömungsgeschwindigkeit im Messquerschnitt. Bei Windkanalmessungen ist somit generell eine direkte Bestimmung der Strömungsgeschwindigkeit aufgrund der modellinduzierten Übergeschwindigkeit nur für den leeren Kanal möglich. Als Analogie für die Bestimmung der Strömungsgeschwindigkeit U_∞ wird deshalb das Druckgefälle an der Windkanaldüse gemessen. Über die im Vorfeld der Messung durchgeführte Kanalkalibrierung, die einen funktionalen Zusammenhang zwischen Staudruck q_∞ und Düsendruckgefälle herstellt, kann dann die Strömungsgeschwindigkeit – bei leerem Kanal – berechnet werden. Dabei wird vorausgesetzt, dass das Düsendruckgefälle unabhängig von Größe und Art des gemessenen Modells ist. Insbesondere bei Messungen mit sehr großen Modellen ergibt sich das Problem, dass der Modelleinfluss zu einer Verfälschung des Druckes in der Düsenmündung führen kann. In diesem Fall besteht nach Ewald (1999) die einzige Lösung darin, die Druckbohrungen stromauf in die Düse hinein zu verschieben. Die Bestimmung der Kanalgeschwindigkeit in der Messstrecke durch punktuelle Messung des Staudruckes mit einem Prandtl-Rohr kann dagegen zu erheblichen Fehlern führen. Sowohl die häufig an der Düsenmündung vorliegenden Übergeschwindigkeiten als auch die aus der Modellumströmung resultierenden Störgeschwindigkeiten führen dabei zu einer Verfälschung des Messergebnisses. Bei den vorliegenden Untersuchungen wurden die numerischen Simulationen von Körner (2009) herangezogen, um eine mögliche modellinduzierte Änderung des Druckes am Düsenaustritt auszuschließen. Die festgestellten Veränderungen lagen im vernachlässigbaren Bereich, so dass auf eine – konstruktiv aufwendige – Verschiebung der Druckbohrungen verzichtet werden konnte.

Durch die Verdrängungswirkung des Modells und seines Nachlaufes in einer geschlossenen Messstrecke erfährt das Modell eine Geschwindigkeitserhöhung $\Delta\overline{u}$, die beispielsweise bei der Berechnung der strömungsmechanischen Kennzahlen berücksichtigt werden muss. Die relative Geschwindigkeitsänderung ϵ_{GV} setzt sich aus einem durch die Modellversperrung ϵ_{MV} und einem aus der Nachlaufversperrung ϵ_{NV} resultierenden Anteil zusammen:

$$\frac{\Delta\overline{u}}{U_\infty} = \epsilon_{GV} = \epsilon_{MV} + \epsilon_{NV} \tag{2.1}$$

In der vorliegenden Arbeit wird zur Abschätzung der Geschwindigkeitserhöhung die einfache Überschlagsformel von Rae und Pope (1999) angewendet:

$$\epsilon_{GV} = \frac{1}{4}\frac{A_M}{A_{WK}}{}^{\dagger} \tag{2.2}$$

Bei den Untersuchungen am generischen Bremsscheibenmodell lässt sich die korrigierte Bezugsgeschwindigkeit U_∞^* direkt aus den SPIV-Messungen ermitteln.

† A_M bezeichnet die Stirnfläche des kompletten Modells, A_{WK} die Querschnittsfläche der Windkanal-Messstrecke

Die Bezugsgeschwindigkeit entspricht bei einer ebenen Plattenströmung näherungsweise der mittleren Geschwindigkeit $\overline{u}_\delta$ am Grenzschichtrand:

$$U_\infty^* = U_\infty + \Delta\overline{u} \approx \overline{u}_\delta \tag{2.3}$$

2.2 Generisches Bremsscheibenmodell ohne Fahrzeugumgebung

Die komplizierten geometrischen Einbauverhältnisse realer Scheibenbremsen erschweren die Durchführung von detaillierten Geschwindigkeits- und Temperaturmessungen in PKW-Radkästen. Ferner verursachen Rad- und Achsbauteile eine durch Ablösungen beeinflusste, dreidimensionale Radhausdurchströmung, die das Verständnis der Strömungsphysik im Nahfeld der Bremsscheibe erschwert. In einem bremsenähnlichen, generischen Testfall wurde daher zunächst die Interferenz zwischen der Grenzschicht auf einer beheizten, rotierenden Scheibe und einer ebenen, turbulenten Plattengrenzschicht untersucht. Dieser Testfall stellt stark idealisiert die Strömung an einer frei liegenden Scheibenbremse dar und vereinfacht somit das Verständnis der Strömungsvorgänge an einer realen Bremsscheibe. Zur Durchführung der Untersuchungen wurde ein entsprechender Versuchsstand konstruiert, dessen Aufbau im Folgenden näher erläutert werden soll.

2.2.1 Aufbau des Versuchsstands

Abbildung 2.2 zeigt den verwendeten Versuchsaufbau zur Untersuchung der Strömung und des Wärmeübergangs an einem generischen Bremsscheibenmodell. Um definierte Strömungsbedingungen sicherzustellen, ist die Bremsscheibe in eine ebene Platte mit elliptischer Vorderkante (Achsenverhältnis 6:1) eingelassen. Die Scheibe wird senkrecht zu ihrer Rotationsachse überströmt, so dass sich durch die Versuchsanordnung eine Überlagerung einer ebenen Plattengrenzschicht und der Grenzschicht an einer rotierenden Scheibe ergibt. Durch die gewählte Anlaufstrecke von 675 mm bis zur Drehachse ist sichergestellt, dass die Grenzschicht im Bereich der Scheibe bereits bei der geringsten untersuchten Strömungsgeschwindigkeit turbulent ist und somit den durch starke Turbulenzen geprägten Strömungsbedingungen im Radhaus ähnelt. Die lokalen Reynolds-Zahlen auf der Scheibe variieren für die geringste untersuchte Anströmgeschwindigkeit von $U_\infty = 13.9\,{}^{\mathrm{m}}/_{\mathrm{s}}$ zwischen $Re_x = 5.1 \cdot 10^5$ und $8.1 \cdot 10^5$ und liegen somit oberhalb der kritischen Reynolds-Zahl von $Re_{x,krit} = 3.5 \cdot 10^5$. Um die Transitionslage auf eine definierte Position zu fixieren, wird zusätzlich bei ${}^{x}/_{L_{Platte}} \approx 0.1$ (Plattenvorderkante $x = 0\,\mathrm{mm}$) mit einem 1 cm breiten Rauigkeitsstreifen künstliche Transition herbeigeführt. Die entsprechende Höhe des Rauigkeitsstreifens wurde nach dem vereinfachten Verfahren von Braslow und Knox (1958) abgeschätzt. Ferner wurden sowohl die Anlaufstrecke auf der ebenen Platte als auch die Oberfläche der Scheibe mit sehr feinem Schleifpapier (Körnung 1000) bearbeitet, um hydraulisch glatte Oberflächen zu erzielen. Die maximal zulässige Sandrauheit

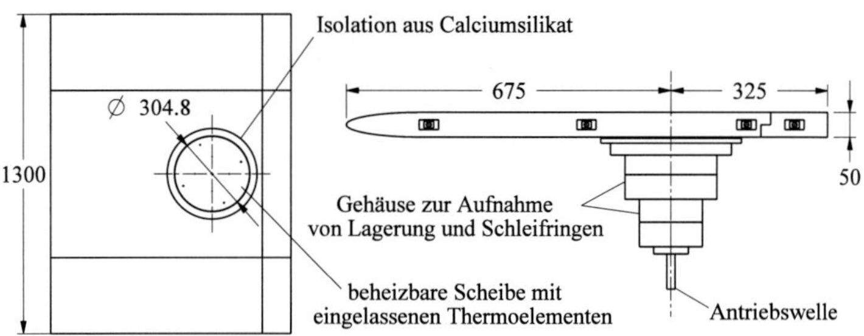

Abbildung 2.2: Versuchsstand zur Untersuchung der Strömung und des Wärmeübergangs an einer senkrecht zur Rotationsachse überströmten, rotierenden Scheibe.

ergibt sich nach Schlichting und Gersten (1965) bei der höchsten untersuchten Anströmgeschwindigkeit von $U_\infty = 55.6\,\mathrm{m/s}$ zu $k_s = 0.026\,\mathrm{mm}$.

Die generische Bremsscheibe hat einen Durchmesser von $D_S = 304.8\,\mathrm{mm}$ (12") und besitzt somit die Abmessungen einer typischen PKW-Bremsscheibe (Breuer und Bill 2006). Um die Scheibe ist ein Isolierring aus Calciumsilikat eingelassen, der einerseits den seitlichen Wärmeverlust reduziert und andererseits die ebene Platte vor Beschädigungen durch zu hohe Scheibentemperaturen schützt. Damit die Scheibe frei drehen kann, ist zwischen Isolierring und Bremsscheibenmodell ein geringer Spalt von $< 1\,\mathrm{mm}$ vorgesehen. Die Spannungsübertragung vom erdfesten ins rotierende System – zur Versorgung der eingesetzten Heizfolie – erfolgt über ein Schleifringmodul. Über ein weiteres Schleifringmodul werden die Messsignale der installierten Temperatursensoren übertragen. Die verwendeten Schleifringe und die Lagerung der Antriebswelle unterhalb der ebenen Platte sind mit Aluminiumgehäusen strömungsgünstig verkleidet. Der Antrieb des Bremsscheibenmodells erfolgt über einen Elektromotor, dessen Drehzahl sich mit einem Frequenzumrichter stufenlos auf maximal $n = 1800\,\mathrm{min}^{-1}$ regeln lässt.

2.2.2 Aufbau des Bremsscheibenmodells

Wie in Abbildung 2.3 dargestellt, setzt sich das Scheibenmodell in Anlehnung an den von Elkins und Eaton (2000) verwendeten Aufbau aus mehreren Schichten zusammen. Das Modell besteht aus einer mit der Antriebswelle verbundenen 12 mm dicken Aluminium-Trägerplatte, einer 5 mm dicken Isolierschicht aus Keramikpapier, einer Heizfolie sowie einer 3 mm dicken Deckplatte aus Edelstahl. Die Deckplatte ist mit einem hochtemperaturfesten, mattschwarzen Lack (*Auto-K Auspufflack, P.Kwasny*) überzogen, so dass sowohl die bei den PIV-Messungen auftretenden Laserreflexionen minimiert werden, als auch ein hoher Emissionskoeffizient für die IR-Messungen erzielt wird. Durch die gegenüber dem Stahl

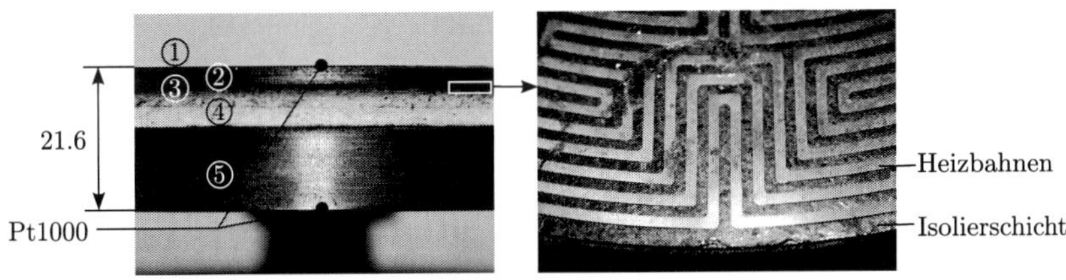

Abbildung 2.3: Aufbau des Bremsscheibenmodells (① Beschichtung aus temperaturfestem, mattschwarzen Lack, ② Deckplatte, ③ Heizfolie, ④ Keramikpapier, ⑤ Trägerplatte) und Verteilung der Heizbahnen in der Heizfolie.

deutlich verringerte Wärmeleitfähigkeit des Lacks wird ferner die Wärmeleitung in lateraler Richtung vermindert und somit das "Verschmieren" von Temperaturgradienten auf der Scheibenoberfläche reduziert.

Das Schichtenmodell wird mit Hilfe von vier gleichmäßig über dem Umfang verteilten Schrauben zusammengepresst. Die Schrauben wurden mit konstantem Drehmoment angezogen, so dass ein gleichmäßiger Anpressdruck und somit auch eine einheitliche Abgabe von Wärmeenergie an die Deckplatte erzielt wird. Trotz der *Sandwich*-Bauweise ist die Oberfläche der Deckplatte nahezu eben. Die maximalen Abweichungen über dem Umfang wurden bei thermischer Belastung zu ± 0.12 mm ermittelt. Nach Elkins und Eaton (2000) führen Unebenheiten in dieser Größenordnung zu keiner messbaren Beeinflussung der turbulenten Strömungsgrößen. Die verwendete Heizfolie der Firma *Minco* (*Mica Heizer HM6837R22.2*) besteht aus einer geätzten metallischen Folie, die mit Hilfe eines organischen Binders zwischen zwei 0.25 mm dicke Isolationsschichten geklebt ist. Die Heizbahnen haben eine Breite von ca. 3 mm und einen konstanten Abstand zueinander, so dass laut Hersteller über die gesamte Fläche eine nahezu konstante Leistungsdichte abgegeben wird, siehe Abbildung 2.3. Der Abstand zwischen der äußersten Heizbahn und dem Rand der Scheibe beträgt in etwa 5 mm, wodurch lediglich im äußersten Randbereich eine leicht abfallende Leistungsdichte zu erwarten ist.

Zur einfachen Erfassung der Oberflächentemperaturen sind in die Deckplatte vier Pt1000 Platin-Flachmesswiderstände mit Abmessungen von $2.3 \times 2.1 \times 0.8\,\text{mm}^3$ (L × B × H) eben eingelassen. Die Temperatursensoren werden zur *in-situ-Kalibration* der Infrarotkamera (siehe Kapitel 3.2.2) und zur schnellen Einstellung der gewünschten Betriebspunkte verwendet. Die Auswahl von Widerstandsthermometern für die Oberflächentemperaturmessung erfolgte aufgrund der im Vergleich zu Thermolementen erhöhten Genauigkeit und der bereits vorhandenen Auswerteelektronik. Um die thermische Kopplung zwischen Deckplatte und Temperatursensoren zu gewährleisten, wurden die Pt1000 mit einem temperaturfesten Keramikkleber eingebracht, der eine zum Festkörper vergleichbare Wärmeleitfähigkeit aufweist. Die Anschlussdrähte der Temperatursensoren sind durch kleine Durchgangslöcher in der Heizfolie geführt und mit speziellen hochtemperaturfesten Gewebeschläuchen aus keramischem Material isoliert. Auf der Unterseite der Trägerplatte sind zusätzlich drei Pt1000-Sensoren über die Fläche verteilt eingelassen. Auf Basis dieser Temperaturmessstellen lässt sich der Verlustwärmestrom durch die Isolationsschicht bestimmen.

Weitere Informationen zum experimentellen Versuchsaufbau sowie eine detaillierte Analyse der am generischen Bremsscheibenmodell durchgeführten Messungen finden sich in Kapitel 4.

2.3 Vereinfachtes PKW-Halbmodell im Maßstab 1:2.5

Zur Bestimmung der komplexen, dreidimensionalen Strömungsverhältnisse im Bereich einer realen Bremsscheibe wurden in einem zweiten Schritt Untersuchungen im vorderen Radhaus eines *Volkswagen Phaeton*-Fahrzeugmodells durchgeführt. In diesem Testfall wurde der Fokus auf die Analyse der Strömungsverhältnisse im Bereich der Bremsscheibenzu- und abströmung sowie des Strömungsfeldes in unmittelbarer Umgebung der Bremsscheibe gelegt. Der für die experimentellen Untersuchungen konstruierte Versuchsstand, als auch die zugrundeliegenden Randbedingungen der Simulation werden im Folgenden näher erläutert.

2.3.1 Randbedingungen der Simulation

Aufgrund der eingeschränkten Messstreckengröße des Modell-Unterschallwindkanals konnten die Untersuchungen nur an einem verkleinerten Fahrzeugmodell durchgeführt werden. Bei der Festlegung des Modellmaßstabs musste daher ein Kompromiss zwischen Reynolds-Zahl und Verblockung in der Messstrecke eingegangen werden. Für die vorliegenden Untersuchungen wurde ein Halbmodell im Maßstab 1:2.5 gewählt, da so – bei noch akzeptabler Verblockung von $\varphi_V = 0.109$ – für den gewählten Bremsentestfall (Passabfahrt mit $35\,\mathrm{km/h}$) die gleiche Reynolds-Zahl wie beim Großmodell erzielt werden kann. Um die Versperrung zu minimieren, wurde auf ein Peniche[†] verzichtet, so dass sich das an der Seitenwand montierte Modell teilweise in der Wandgrenzschicht befindet, siehe Abbildung 2.4. Im Vorfeld durchgeführte numerische Simulationen von Körner (2009) haben gezeigt, dass sich die prinzipielle Strömungscharakteristik im Radhaus durch den gewählten Versuchsaufbau – im Vergleich zu einem Vollmodell ohne Messstreckenumgebung – nicht verändert. Für den gewählten Maßstab ergibt sich ein Raddurchmesser von $D_R = 281\,\mathrm{mm}$ und somit eine ausreichende Modellgröße für eine präzise, hochaufgelöste Vermessung des Geschwindigkeitsfeldes. Die mit dem Raddurchmesser gebildete Reynolds-Zahl Re_D liegt mit

[†]Abstandshalter zwischen Modell-Symmetrieebene und Windkanalwand zur Reduktion von Wandgrenzschichteinflüssen

$4.6 \cdot 10^5$ ($U_\infty = 87.5\,{}^{\mathrm{km}}/\mathrm{h} = 24.3\,{}^{\mathrm{m}}/\mathrm{s}$) deutlich über der von Cogotti (1983) angegebenen kritischen Reynolds-Zahl von $2 \cdot 10^5$. Daher ist auch für höhere Strömungsgeschwindigkeiten nicht mit einer signifikanten Änderung der Strömungscharakteristik im Radhaus zu rechnen. Dies bestätigen unter anderem die Untersuchungen von Oswald und Browne (1981), bei denen sich an einem realen Fahrzeug im Geschwindigkeitsbereich von 16–96 ${}^{\mathrm{km}}/\mathrm{h}$ (entspricht $Re_D = 1.9 \cdot 10^5$ bis $1.15 \cdot 10^6$) keine signifikante Änderung der Reifenumströmung zeigte.

Eine wichtige Rolle bei aerodynamischen Windkanal-Untersuchungen an Kraftfahrzeugen spielt die Simulation der Straße. Bei der einfachsten und am weit verbreitesten Methode zur Darstellung der Fahrbahn wird diese durch einen starren Boden in der Messstrecke ersetzt. Infolge der sich am starren Boden ausbildenden Grenzschicht kommt es bei diesem Verfahren unterhalb des Fahrzeugs zu einem Defizit an Massen- und Impulsdurchfluss, das zu einer Veränderung der Fahrzeugumströmung führen kann. Die unterschiedlichen Ansätze zur Verbesserung der Bodensimulation zielen daher auf eine Reduzierung der Grenzschichtdicke bzw. eine vollständige Vermeidung der Grenzschichtbildung ab. Viele der in der Literatur – siehe Hucho (2005) und Mercker und Wiedemann (1990) – zu findenden Methoden sind jedoch konstruktiv sehr aufwendig (mitbewegter Boden, tangentiales Ausblasen, Absaugen der Grenzschicht) oder besitzen lediglich eine eingeschränkte Wirksamkeit (z.B. rotierender Zylinder nach Farrell (2006)).

Die Untersuchungen von Hucho et al. (1975) im *Volkswagen*-Klimawindkanal haben ferner gezeigt, dass die Strömung unterhalb des Fahrzeugs im wesentlichen von der Verdrängungswirkung des Modells beeinflusst wird. Die Bodengrenzschicht spielt lediglich eine untergeordnete Rolle. Nach Hucho et al. (1975) kann auf eine Beeinflussung der Bodengrenzschicht verzichtet werden, wenn das Verhältnis von Verdrängungsdicke δ_1 zu Bodenfreiheit e unterhalb von ${}^{\delta_1}/_e = 0.1$ liegt. Schätzt man die Grenzschicht- und Verdrängungsdicke nach Schlichting und Gersten (1997) mit Hilfe folgender Gleichungen

$$\delta = 0.37 \cdot x \cdot Re_x^{-0.2} \quad \text{bzw.} \quad \delta_1 = 0.01738 \cdot Re_x^{0.861} \frac{\nu}{U_\infty} \tag{2.4}$$

ab, so ergibt sich unter Voraussetzung einer Anströmgeschwindigkeit von $U_\infty = 24.3\,{}^{\mathrm{m}}/\mathrm{s}$ und einer Lauflänge von $x = 1.25\,\mathrm{m}$ (Abstand zwischen Düsenaustritt und Vorderachse des Halbmodells) eine Grenzschichtdicke von $\delta = 25.29\,\mathrm{mm}$ bzw. ${}^{\delta}/_e = 0.36$ (mit $e = 70\,\mathrm{mm}$) und eine Verdrängungsdicke von $\delta_1 = 2.88\,\mathrm{mm}$ bzw. ${}^{\delta_1}/_e = 0.04$. Das Verhältnis von Verdrängungsdicke zu Bodenfreiheit liegt somit deutlich unter des von Hucho et al. (1975) geforderten Wertes. Neuere Untersuchungen von Eckert und Mercker (1988) zeigen jedoch, dass es auch unterhalb von ${}^{\delta_1}/_e = 0.1$ zu geringfügigen Veränderungen des Modellauftriebs und -widerstands kommen kann. Der Einfluss auf die Strömungscharakteristik im Bereich der Bremsscheibe ist aber als klein zu bewerten, da die Auswirkung der Bodengrenzschicht nach den Messungen von Hucho et al. (1975) auf eine dünne Schicht am Boden begrenzt ist. Vor diesem Hintergrund wurde die Fahrbahn bei den vorliegenden Untersuchungen mit Hilfe einer am Düsenaustritt beginnenden, starren Bodenplatte mit elliptischer Vorderkante simuliert. Um eine glatte, vollständig ebene Bodenfläche sowie eine möglichst dünne Bodengrenzschicht zu erhalten, wurde davon abgesehen den Boden der Messstrecke als Fahrbahnsimulation zu verwenden. Dafür wurde die – durch Bodenplatte und Trägergestell hervorgerufene – Zunahme der Versperrung auf $\varphi_V = 0.132$ akzeptiert.

Die in der Literatur zu findenden Vergleiche zwischen Simulationen mit stationärem und rotierendem Rad zeigen bezüglich des Rotationseinflusses teilweise widersprüchliche Ergebnisse. Während die Änderungen der aerodynamischen Kräfte in der Studie von Cogotti (1983) vergleichsweise gering ausfielen, zeigte sich beispielsweise bei Wäschle (2007) eine deutliche Beeinflussung der Strömungstopologie und Kraftbeiwerte durch die Rotationsbewegung des Rades. Die punktuellen Geschwindigkeitsmessungen von Decker und Körner (2002) deuten ebenfalls darauf hin, dass die Strömung im Radkasten und insbesondere im Bereich der Bremsscheibenzuströmung von der Radrotation beeinflusst wird. Zudem ist zu vermuten, dass die Strömung im Nahbereich der Bremsscheibe durch die Rotationsbewegung maßgeblich verändert wird. Aus diesen Gründen wurde für eine realistische Simulation der Bremsscheibenumströmung eine Berücksichtigung der Radrotation als notwendig angesehen.

Um eine Simulation der Raddrehung bei starrem Boden zu ermöglichen, wurde die Bodenplatte leicht abgesenkt, so dass sich zwischen Lauffläche des Rades und Boden ein minimaler Spalt von 1.5 mm ergab. Durch diese erstmals von Ohtani, Takei und Sakamoto (1972) angewendete Methode wird zudem das durch die Bodengrenzschicht hervorgerufene Defizit an Massen- und Impulsdurchfluss abgemildert. Im vorliegenden Fall verbleibt somit eine effektive Verdrängungsdicke von $\delta_1 = 1.38\,\mathrm{mm}$ bzw. ${}^{\delta_1}/_{e} = 0.02$. Nachteilig wirkt sich dagegen die Durchströmung des Spaltes zwischen Rad und Boden aus, die zu einer Verfälschung der am Rad auftretenden Kräfte führen kann (Cogotti 1983). Um einen möglichen Einfluss des Spaltes auf die Strömungsverhältnisse im Radkasten zu untersuchen, wurden daher für das stationäre Rad Messungen mit einem abgedichteten Spalt durchgeführt. Die Ergebnisse sind in Kapitel 5.2.1 zu finden.

Generell lassen sich vollkommen realistische Strömungsbedingungen nur durch einen hohen technischen Aufwand – in Form eines mitbewegten Bodens und Berücksichtigung der Radrotation – simulieren. Insbesondere bodennahe Strömungseffekte wie beispielsweise das seitliche Herausdrücken von Luft im Bereich der vorderen Radaufstandsfläche (*Jetting*-Effekt nach Fackrell und Harvey (1975)) können nur unter diesen Voraussetzungen korrekt reproduziert werden (Fabijanic 1996). Bei den vorliegenden Strömungsuntersuchungen wurde daher abgeschätzt, welche Vereinfachungen der Simulation keinen oder einen unwesentlichen Einfluss auf die Strömungsverhältnisse an der Bremsscheibe haben, um bei vertretbarem technischen Aufwand eine möglichst realitätsnahe Simulation erzielen zu können.

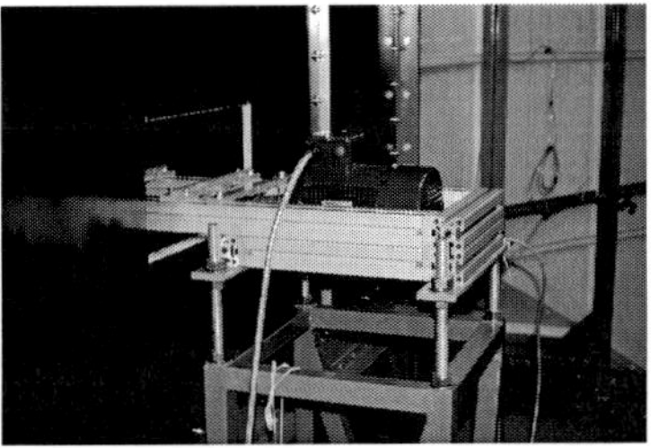

Abbildung 2.4: PKW-Halbmodell in der Messstrecke des Modell-Unterschallwindkanals (MUB) des Instituts für Strömungsmechanik der TU-Braunschweig (linkes Bild). Die Antriebseinheit befindet sich außerhalb der Messstrecke auf der Rückseite des Modells (rechtes Bild).

2.3.2 Aufbau des Versuchsstands

Abbildung 2.4 zeigt schematisch das vereinfachte Fahrzeughalbmodell in der Messstrecke des Modell-Unterschallwindkanals. Das Modell wurde auf Basis der Original-CAD-Geometrie des *Volkswagen Phaeton* aus Schaumblöcken gefertigt und anschließend auf eine Trägerplatte geklebt, die sich bündig in die Seitenwand der Messstrecke integrieren lässt. Die poröse Oberfläche des Schaummodells wurde mit einem Füllspachtel geglättet und anschließend mattschwarz lackiert, um störende Reflexionen bei den lasergestützten PIV-Messungen zu vermeiden. Auf der Rückseite des Modells sind Taschen ausgefräst, die das Gesamtgewicht zugunsten einer besseren Handhabbarkeit reduzieren (Modellgewicht ca. 40 kg). Das Schaummodell ist 2016 mm lang, 516 mm hoch, 377 mm breit und besitzt eine Bodenfreiheit von 70 mm. Die am Düsenaustritt beginnende, 3 m lange Bodenplatte (Vorlaufstrecke bis zur Vorderachse des Halbmodells $x = 1.25\,\mathrm{m}$) ist über ein Gestell höhenverstellbar ausgeführt, so dass sich der angesprochene 1.5 mm breite Spalt zwischen Rad und Boden einstellen lässt. Im Fahrbahn- und Messstreckenboden sind im Bereich des Radhauses große Fenstereinsätze eingelassen, die den optischen Zugang für die PIV-Kameras ermöglichen (experimenteller Aufbau siehe Kapitel 5.1.1). Durch die Verwendung eines Halbmodells können Lagerung und Antrieb des Rades über eine Antriebseinheit auf der Rückseite des Modells realisiert werden, siehe rechtes Bild in Abbildung 2.4. Dies ist ein Vorteil gegenüber Ganzmodellmessungen, da bei diesen die Räder üblicherweise über von außen herangeführte – und damit in der Strömung stehende – Stiele gehalten werden oder die komplette Motorisierung direkt im Modell realisiert werden muss. Mit dem eingesetzten Elektromotor lassen sich Raddrehzahlen von bis zu 1800 min^{-1} erreichen. Das hintere Radhaus ist aus Fertigungsgründen geschlossen ausgeführt. Ferner wurde die zerklüftete Unterbodenfläche des Originalfahrzeugs geglättet.

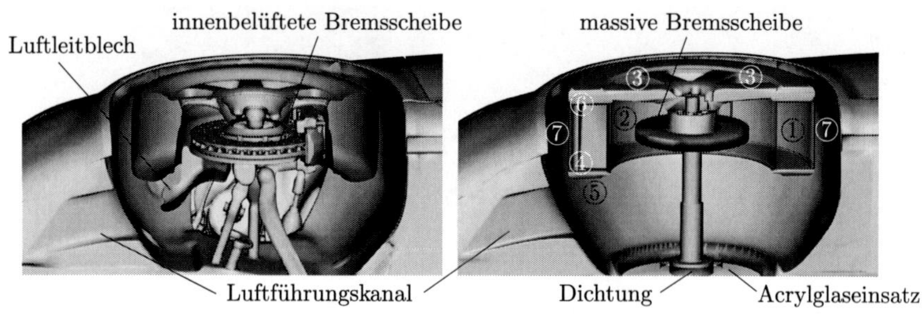

Abbildung 2.5: Vergleich der realen Vorderachsengeometrie des *Volkswagen Phaeton* (linkes Bild) und der vereinfachten Geometrie des Halbmodells (rechtes Bild; ① Reifen, ② Felgentopf, ③ Felgenöffnungen, ④ innere Reifenschulter/-verrundung, ⑤ innere Reifenflanke, ⑥ äußere Reifenschulter/-verrundung, ⑦ Radhausspalt).

In Abbildung 2.5 (linkes Bild) ist die serienmäßige Vorderachsengeometrie des *Volkswagen Phaeton* dargestellt. Die schwierigen geometrischen Verhältnisse lassen allenfalls punktuelle Geschwindigkeitsmessungen im Nahbereich des Rades und speziell der Bremsscheibe zu. Zum Verständnis der komplexen Strömungsverhältnisse werden jedoch großflächig Informationen über die dreidimensionale Geschwindigkeitsverteilung im Radhaus benötigt. Daher wurden entsprechende Vereinfachungen im Detaillierungsgrad vorgenommen, die eine umfangreiche Vermessung der Strömungsfelder erlauben. Die vereinfachte Vorderachse beschränkt zudem die Anzahl spezifischer geometrischer Einflussfaktoren und lässt somit allgemeingültigere Aussagen über die Strömungssituation in Radhäusern zu.

Das rechte Bild in Abbildung 2.5 zeigt im Vergleich die resultierende, vereinfachte Vorderachsengeometrie. Die Vorderachse wurde zu einer starren Antriebsachse vereinfacht, an der Bremsscheibe und Rad befestigt sind. Zudem ist der im realen Fahrzeug serienmäßige Luftführungskanal nachgebildet. Dieser nach unten offene Kanal in der Unterbodenverkleidung lenkt die Luft nach oben in Richtung des unteren Vorderachsenlenkers sowie seitlich in Richtung des Felgentopfes. Ein Luftleitblech führt die Luft am realen Fahrzeug zusätzlich in Richtung der Bremsscheibe. Der Austritt des Luftführungskanals ist beim Originalfahrzeug aus fertigungstechnischen Gründen verrundet ausgeführt. Bei der vorliegenden Arbeit wird der Einfluss des nachgebildeten Luftführungskanals auf die Bremsscheibenanströmung ohne zusätzliches Luftleitblech untersucht. Diese Variante kommt bei diversen *Volkswagen*-Modellen der Kompakt- und Mittelklasse zum Einsatz. Der Luftführungskanal besitzt im Modell eine Breite von ca. 60 mm.

Ferner wird die Motorraumdurchströmung bei den Untersuchungen nicht berücksichtigt, da eine realistische Simulation aufgrund der geometrischen Komplexität nur mit hohem technischen Aufwand realisierbar ist. Von einer stark vereinfachten Simulation der Durchströmung über einen Strömungskanal wur-

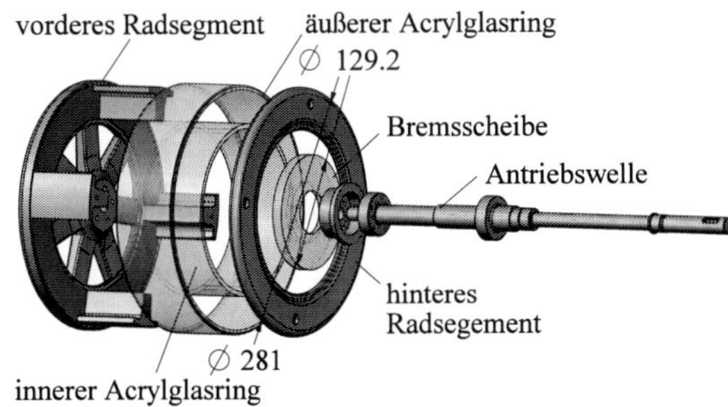

Abbildung 2.6: Aufbau des Radmodells: Montiert am PKW-Halbmodell (linkes Bild) und Explosionsdarstellung (rechtes Bild).

de abgesehen, da die Ähnlichkeit zu realen Strömungsbedingungen sehr fraglich ist. Darüber hinaus sind die durch Radrotation und Luftführungskanal hervorgerufenen Strömungseffekte ohne Motorraumdurchströmung klarer identifizierbar. Alle sich im Radhaus befindenden Öffnungen sind daher geschlossen. Die entsprechenden Oberflächenelemente wurden geglättet, um stetige Konturübergänge zu erhalten. Im Bereich der Antriebswelle ist ein Acrylglasfenster eingelassen, das den optischen Zugang für den PIV-Laser gewährleistet.

Das verwendete Radmodell ist in Abbildung 2.6 dargestellt. Da durch die Geometrie der Felge und die daraus resultierende Felgenumströmung ebenfalls die Umströmung von Rad und Bremsscheibe beeinflusst wird (siehe z.B. Garret (1983)), entspricht das Radmodell weitestgehend einer realitätsnahen *Volkswagen* 7-Speichen-Leichtmetallfelge mit *255/45 R18* Reifen. Damit ergibt sich im Modellmaßstab ein Raddurchmesser von 281 mm und eine Radbreite von 102 mm. Der Antrieb erfolgt über eine massive, arretierbare Stahlwelle, an der Rad und Bremsscheibe montiert sind. Dabei entspricht die relative Position der Bremsscheibe im Felgentopf den Verhältnissen beim Originalfahrzeug. Zur Reduzierung des auf die Welle wirkenden Moments ist die Welle in einer auf der Rückseite des Schaummodells vorgesehenen Aussparung gelagert. Da durch die auftretende Druckdifferenz zwischen Messstrecke und umgebender Halle erhebliche Leckageströme enstehen können, wurde die Wellendurchführung in das Radhaus mit einer Filzdichtung versehen, die für die lokalen Umfangsgeschwindigkeiten von $\leq 5\,{}^{m}/_{s}$ geeignet ist. Ferner wurden Rad, Bremsscheibe und Welle gewuchtet, um störende Vibrationen zu vermeiden.

Das Radmodell besteht aus einem Aluminium-Gehäuse, in das zwei Acrylglasringe eingesetzt sind, die durch Verspannung mit einer Aluminium-Deckplatte gehalten werden. Durch diese Konstruktionsweise erhalten die eingesetzten PIV-Kameras einen optischen Zugang durch die Lauffläche des Rades. Die gedrehten Acrylglasflächen wurden aufwendig poliert, um eine hohe optische Oberflächenqualität zu gewährleisten. Die massiv ausgeführte Bremsscheibe ist ebenfalls aus Acrylglas gefertigt, um einerseits den Lichtschnitt in den Bereich zwischen Bremsscheibe und Felgenöffnungen einbringen zu können und andererseits störende Reflexionen im Felgentopf und an der Bremsscheibe zu minimieren. Der Durchmesser der Bremsscheibe entspricht mit $D_S = 129.2\,\text{mm}$ der Originalbremsscheibe im Maßstab 1:2.5. Der Einfluss des Bremssattels und des serienmäßig vorhandenen Abschirmblechs auf die Bremsscheibenumströmung wird in dieser Arbeit nicht untersucht.

Eine Beschreibung des zur Vermessung der Strömungsfelder verwendeten Versuchsaufbaus als auch eine Diskussion der erzeugten Messergebnisse erfolgt in Kapitel 5.

3 Mess- und Versuchstechnik

In diesem Abschnitt werden die eingesetzten Messtechniken zur Analyse der Umströmung und des Wärmeübergangs an PKW-Scheibenbremsen näher erläutert. Dies umfasst Geschwindigkeitsmessungen mit Particle Image Velocimetry, Temperaturverteilungsmessungen am generischen Bremsscheibenmodell unter Verwendung von Infrarot-Thermografie und Widerstandsthermometern sowie die Messung der elektrischen Heizleistung zur Bestimmung des konvektiven Wärmestroms. Neben einer kurzen Beschreibung der theoretischen Grundlagen wird die Adaption der Messtechniken an die jeweiligen Versuchsrandbedingungen dargestellt und eine Messfehleranalyse durchgeführt. Eine detaillierte Beschreibung der für die beiden Testfälle verwendeten experimentellen Versuchsaufbauten erfolgt in den Abschnitten 4.1 und 5.1.

3.1 Particle Image Velocimetry (PIV)

3.1.1 Grundbegriffe

Die Particle Image Velocimetry ist ein optisches Geschwindigkeitsmessverfahren, das die Erfassung des momentanen Strömungsfeldes in einer Messebene ermöglicht. Zur Ermittlung des Geschwindigkeitsfeldes werden dem Fluid sogenannte Tracer-Partikel zugeführt, die von einem zu einer Ebene aufgeweiteten Laserstrahl beleuchtet werden. Die verwendeten Partikel besitzen eine Größe von wenigen μm, so dass sie der Bewegung des Fluids möglichst schlupffrei folgen und dessen physikalischen Eigenschaften nicht verändern. Das an den Partikeln gestreute Licht wird mit Hilfe einer CCD- oder CMOS-Kamera zu zwei kurz aufeinanderfolgenden Zeitpunkten t und $t' = t + \Delta t$ optisch abgebildet. Durch Kreuzkorrelation der beiden Aufnahmen lassen sich anschließend die Verschiebungen ΔX und ΔY der Partikelabbilder berechnen. Mit dem bekannten Laserpulsabstand Δt und unter Berücksichtigung des Abbildungsmaßstabes $M = d_i/d_0$[†] ergeben sich dann die Geschwindigkeitskomponenten u und v in der Messebene:

$$u = \lim_{t' \to t} \frac{x' - x}{t' - t} = \lim_{\Delta t \to 0} \frac{\Delta x}{\Delta t} = \lim_{\Delta t \to 0} \frac{\Delta X}{M \Delta t} \tag{3.1}$$

$$v = \lim_{t' \to t} \frac{y' - y}{t' - t} = \lim_{\Delta t \to 0} \frac{\Delta y}{\Delta t} = \lim_{\Delta t \to 0} \frac{\Delta Y}{M \Delta t} \tag{3.2}$$

[†] d_0 bezeichnet den Abstand zwischen Objekt- und Linsenebene, d_i den Abstand zwischen Linsen- und Bildebene

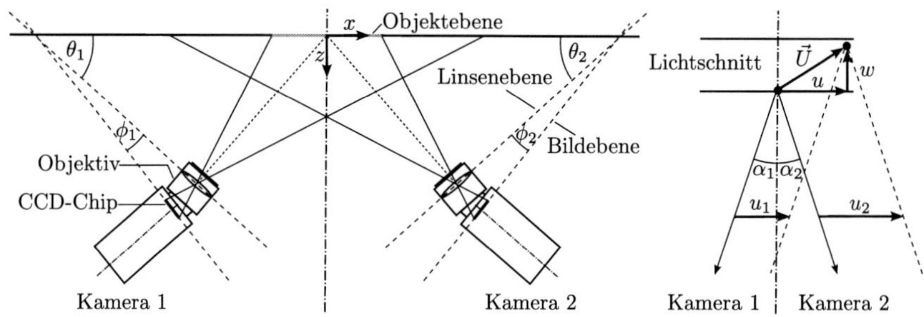

Abbildung 3.1: Optische Konfiguration und Prinzip der Stereo-PIV. Die Partikelverschiebung wird von zwei Kameras erfasst. Aus den projezierten Geschwindigkeiten u_1 und u_2 lässt sich der reale Geschwindigkeitsvektor $\vec{U}$ unter Kenntnis der Winkelverhältnisse rekonstruieren.

Für $\Delta t \rightarrow 0$ ist die Trajektorie der Partikel annähernd linear und die Geschwindigkeit auf der zurückgelegten Strecke somit nahezu konstant. Da die Genauigkeit des Messverfahrens jedoch bei kleinen Partikelbildverschiebungen abnimmt, muss ein Kompromiss aus Genauigkeit sowie der möglichen räumlichen und zeitlichen Auflösung eingegangen werden, siehe auch Kapitel 3.1.4. Generell können jeweils nur die Strömungsstrukturen aufgelöst werden, die über ein Zeitintervall länger als Δt andauern und deren räumliche Erstreckung größer als Δx bzw. Δy ist. Eine detaillierte Beschreibung der Messtechnik findet sich beispielsweise in Raffel et al. (2007) und Tropea et al. (2007). Eine spezielle Anwendung des Messverfahrens ist das sogenannte μ-PIV. Durch Verwendung eines Mikroskops wird bei diesem Verfahren ein sehr großer Abbildungsmaßstab realisiert, der die Auflösung kleinster Strukturen ermöglicht. In dieser Arbeit wird μ-PIV zur hochaufgelösten Vermessung der Wandschicht und experimentellen Bestimmung der Wandschubspannung τ_W eingesetzt. Für eine ausführliche Beschreibung des Messverfahrens und dessen Anwendung zur Bestimmung der Wandschubspannung sei auf Raffel et al. (2007) und Kähler et al. (2006) verwiesen.

3.1.2 Stereoskopische Particle Image Velocimetry (SPIV)

Zur zweidimensionalen Aufzeichnung von Geschwindigkeitsfeldern ist die Verwendung einer einzelnen Kamera mit optischer Achse senkrecht zur Messebene ausreichend. Mit der Stereo-PIV-Technik ist es dagegen möglich, alle drei Geschwindigkeitskomponenten in der Lichtschnittebene zu erfassen. Bei diesem Verfahren werden zwei Kameras verwendet, die unter verschiedenen Winkeln θ_1 und θ_2 auf die Messebene schauen und die Partikelbildverschiebung jeweils aus einer anderen Blickrichtung erfassen, siehe Abbildung 3.1. Man erhält somit zwei unterschiedliche Projektionen der Geschwindigkeit, aus denen sich anschließend der komplette dreidimensionale Geschwindigkeitsvektor rekonstruieren lässt. Nach Raffel et al. (2007) können die Geschwindigkeitsvektoren unter Ausnutzung der geometrischen Zusammenhänge (siehe Abbildung 3.1) mit Hilfe folgender Gleichungen berechnet werden:

$$u = \frac{u_1 \tan\alpha_2 + u_2 \tan\alpha_1}{\tan\alpha_1 + \tan\alpha_2} \tag{3.3}$$

$$v = \frac{v_1 \tan\beta_2 + u_2 \tan\beta_1}{\tan\beta_1 + \tan\beta_2} \tag{3.4}$$

$$w = \frac{u_1 - u_2}{\tan\alpha_1 + \tan\alpha_2} = \frac{v_1 - v_2}{\tan\beta_1 + \tan\beta_2} \tag{3.5}$$

Dabei bezeichnet α in der xz-Ebene den Winkel zwischen der z-Achse und dem Strahlengang vom Partikel durch die Linsenmitte zur Bildebene. Dementsprechend bezeichnet β den Winkel in der yz-Ebene.

Wie in Abbildung 3.1 dargestellt werden bei der Stereo-PIV-Technik die Kameraobjektive gegenüber dem CCD-Chip gedreht, so dass sich Linsen- und Bildebene in der Objektebene treffen. Die Erfüllung der sogenannten *Scheimpflug-Bedingung* gewährleistet, dass alle Partikel im betrachteten Bildausschnitt trotz der begrenzten Tiefenschärfe des Kameraobjektivs scharf abgebildet werden (Zang und Prasad 1997, Prasad und Jensen 1995). Als Nebeneffekt der Scheimpflug-Bedingung wird die bereits vorhandene perspektivische Verzerrung ($\theta_1, \theta_2 > 0\,^\circ$) verstärkt. Der Abbildungsmaßstab M ist somit – im Gegensatz zum Standard-PIV – nicht mehr über das gesamte Sichtfeld konstant. In der Praxis (Software *DaVis 7.1, LaVision*) werden die Partikelbilder von Kamera 1 und Kamera 2 daher zunächst entzerrt. Aus den korrigierten Doppelbildern wird im Anschluss jeweils ein 2D2C-Vektorfeld (2-**D**imensional 2-**C**omponent) mittels Standard-PIV-Korrelationsverfahren berechnet. Im letzten Schritt erfolgt dann die Rekonstruktion des 2D3C-Vektorfeldes aus den 2D2C-Geschwindigkeitsfeldern. Die Entzerrung der Partikelbilder in Form einer geometrischen Rückprojektion von (X, Y) in der Bildebene auf (x, y) in der Objektebene kann prinzipiell mit Hilfe der geometrischen und optischen Parameter des Messaufbaus erfolgen. Da dieses Vorgehen eine exakte Kenntnis der Parameter erfordert und Nichtlinearitäten in Form von Abbildungsfehlern nicht berücksichtigt, wird die Rückprojektion häufig über eine Kalibrierprozedur durchgeführt.

Kalibrierung

Um die Bildkoordinaten den physikalischen Koordinaten in der Objektebene zuzuordnen, können zwei unterschiedliche Kalibrierverfahren angewendet werden. Beim ersten Verfahren erfolgt die Korrektur des perspektivischen Fehlers in beiden Raumrichtungen x und y mit Hilfe einer polynomischen Abbildungsfunktion. Zu diesem Zweck wird eine Kalibrierplatte, die auf einem kartesischen Gitter angeordnete Punkte oder Linien enthält, in die Mitte des Lichtschnitts eingebracht und mit beiden Kameras abgebildet. Die Koeffizienten des Polynoms werden nun mit der Methode der kleinsten Fehlerquadrate bestimmt, so dass die Abweichungen zwischen den bekannten Koordinaten der Gitterpunkte und den aufgenommenen Markierungen minimiert werden (Prasad 2000, Willert 1997). Als Ergebnis kann mit Hilfe der 2D-Abbildungsfunktion ein beliebiger Punkt in der Bildebene auf die Objektebene abgebildet werden. Die Rekonstruktion des dreidimensionalen Geschwindigkeitsfeldes kann nach Durchführung der Kalibrierung ohne genaue Kenntnis der Aufnahmeparameter anhand der Gleichungen (3.4)–(3.5) erfolgen. Für die Lösung der Gleichungen werden jedoch immer noch die Winkel α und β benötigt, deren exakte Bestimmung problematisch ist. Aus diesem Grund erfolgt die Kalibrierung und Rekonstruktion in dieser Arbeit mit dem erweiterten Verfahren nach Soloff et al. (1997), dass keinerlei Kenntnisse über die geometrischen und optischen Parameter des Systems voraussetzt. Zusätzlich zu den Kalibrieraufnahmen in der Lichtschnittebene werden bei diesem Verfahren Bilder des Kalibriergitters kurz vor oder hinter der Lichtschnittebene aufgenommen. Auf Basis der Kalibrierbilder ist nun für beide Kameras die Ableitung einer 3D-Abbildungsfunktion (F) möglich. Die lineare Approximation der realen Partikelverschiebungen (Δx, Δy, Δz) auf die gemessenen Verschiebungen der Partikelabbilder von Kamera 1 (ΔX_1, ΔY_1) und Kamera 2 (ΔX_2, ΔY_2) lässt sich nun wie folgt ausdrücken:

$$\begin{pmatrix} \Delta X_1 \\ \Delta X_2 \\ \Delta Y_1 \\ \Delta Y_2 \end{pmatrix} = \begin{pmatrix} \frac{\partial F_{x1}}{\partial x} & \frac{\partial F_{x1}}{\partial y} & \frac{\partial F_{x1}}{\partial z} \\ \frac{\partial F_{y1}}{\partial x} & \frac{\partial F_{y1}}{\partial y} & \frac{\partial F_{y1}}{\partial z} \\ \frac{\partial F_{x2}}{\partial x} & \frac{\partial F_{x2}}{\partial y} & \frac{\partial F_{x2}}{\partial z} \\ \frac{\partial F_{y2}}{\partial x} & \frac{\partial F_{y2}}{\partial y} & \frac{\partial F_{y2}}{\partial z} \end{pmatrix} \cdot \begin{pmatrix} \Delta x \\ \Delta y \\ \Delta z \end{pmatrix} \tag{3.6}$$

Für die Berechnung des 2D3C-Verschiebunsgsvektors aus den 2D2C-Feldern muss Gleichung (3.6) invertiert werden. Die Lösung des Gleichungssystems erfolgt schließlich wieder durch Anwendung der Methode der kleinsten Fehlerquadrate.

Neben der Kalibrierung mit Hilfe von polynomischen Abbildungsfunktionen wurde in dieser Arbeit das sogenannte *Lochkamera-Verfahren*[†] angewendet. Dem Kalibrierungsverfahren liegt das Modell einer einfachen Lochkamera zugrunde: Nur der von einem Punkt (X,Y,Z) des Objektes im 3D ausgehende Lichtstrahl, der durch einen zentralen Punkt – die Lochblende – geht, trifft die Bildebene im Punkt (x,y). Es erfolgt somit eine Projektion der 3D-Weltkoordinaten auf die 2D-Bildkoordinaten. Für die geometrische Beschreibung der Projektion sind verschiedene Parameter – wie z.B. die Position und Orientierung der Kamera im Raum – notwendig, die während des Kalibrierungsprozesses bestimmt werden. Das Modell kann durch Verwendung zusätzlicher Parameter erweitert werden, um Abbildungsfehler zu berücksichtigen (Zhang 2000).

[†]englisch: camera pinhole model

Der Vorteil dieses Verfahrens liegt vor allem darin, dass es die nachträgliche Anwendung der sogenannten *Disparitäts-Korrektur* erlaubt, die zur Korrektur einer fehlerhaften Ausrichtung der Kalibrierplatte eingesetzt wird. Ausrichtungsfehler können zu erheblichen Messfehlern führen, da das Verfahren zur Rekonstruktion des Vektorfeldes voraussetzt, dass das verwendete Kalibriergitter exakt zur Mitte des Lichtschnittes ausgerichtet ist. Eine leichte Verschiebung oder Drehung des Kalibriergitters gegenüber dem Lichtschnitt führt dazu, dass die erzeugte Kalibrierung für die Lichtschnittebene nicht exakt gültig ist. Dadurch können sich erhebliche Fehler bei der Berechnung des resultierenden Vektors ergeben. Mit Hilfe der Disparitäts-Korrektur können kleinere Ausrichtungsfehler korrigiert werden (Wieneke 2005, Raffel et al. 2007). Das Verfahren nutzt die Annahme, dass Bilder, die zur gleichen Zeit von Kamera 1 und Kamera 2 aufgenommen werden, die gleichen Informationen enthalten nachdem die Kalibrierfunktion auf sie angewandt wurde. Durch Kreuzkorrelation der entzerrten Aufnahmen von Kamera 1 und Kamera 2 ergibt sich in Abhängigkeit vom Ausrichtungsfehler ein Vektorfeld, mit dessen Hilfe die eigentliche Kalibrierfunktion nachträglich korrigiert werden kann. Um die Genauigkeit des Verfahrens zu erhöhen, werden für die Berechnung des Vektorfeldes mehrere Partikelbilder verwendet.

In der Praxis zeigte sich allerdings, dass starke Verzerrungen mit dem Kalibrierverfahren nach Soloff et al. (1997) im Vergleich zum Lochkamera-Verfahren geringfügig besser korrigiert werden konnten. Es wurde daher für alle Messpositionen entsprechend der Versuchsrandbedingungen abgewogen, welches der beiden Kalibrierverfahren eine höhere Genauigkeit liefert.

3.1.3 Optische Abbildungsfehler

Auf dem Weg zum Kamera-Chip durchläuft das an den Tracer-Partikeln gestreute Licht verschiedene optische Komponenten in Form von Glas- bzw. Acrylglasscheiben und Linsen. In der Praxis ergeben sich an diesen Elementen Abweichungen von den idealisierten Bedingungen der Gaußschen Optik, so dass es zu optischen Abbildungsfehlern (*Aberrationen*) kommt. Man unterscheidet dabei monochromatische Aberrationen – wie z.B. Öffnungsfehler, Koma, Astigmatismus, Bildverwölbung, Verzeichnung – und die von der Wellenlänge des Lichts abhängigen chromatischen Aberrationen, die auch als Farblängs- und Farbquerfehler bezeichnet werden (Bergmann und Schaefer 2004; Pedrotti et al. 2002). Während die chromatischen Aberrationen bei der Verwendung eines Lasers keine Rolle spielen, können die monochromatischen Aberrationen Öffnungsfehler, Koma und Astigmatismus zu einer erheblichen Erhöhung des Messfehlers führen. Dagegen werden die Fehler durch Bildverwölbung und Verzeichnung bei den verwendeten Auswerteverfahren nahezu vollständig kompensiert. Insbesondere durch Astigmatismus kann es zu einer deutlichen Veränderung der Partikelabbildung kommen.

Abbildung 3.2 verdeutlicht die astigmatische Abbildung an einem Reifen ähn-

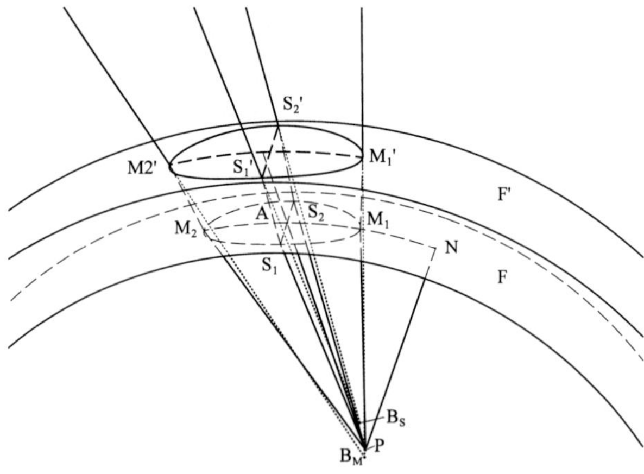

Abbildung 3.2: Astigmatismus bei der Brechung eines Lichtbüschels an einem Hohlzylinder aus Acrylglas.

lichen Hohlzylindersegment aus Acrylglas. Die beiden Flächen F und F' bezeichnen dabei die beiden brechenden Grenzflächen zwischen Luft und Acrylglas. Das von einem Partikel P ausgehende gestreute Licht fällt in Form eines begrenzten Strahlenbüschels auf die Fläche F. Der Mittelstrahl des Büschels trifft die Fläche in A, die Begrenzung des Büschels auf der Fläche wird durch die Ellipse $M_1S_1M_2S_2$ angedeutet. Fällt man nun vom Partikel P das Lot auf die Fläche F, so erhält man den Punkt N, dessen Verbindungslinie nach A die Ellipse in M_1 und M_2 schneidet. Die von P aus nach M_1 und M_2 einfallenden Strahlen werden nun so gebrochen, dass sie nach der Brechung in der Einfallsebene PNA bleiben (*Meridionalebene*). Dagegen liegen die Strahlen, die von P nach S_1 und S_2 verlaufen, auf einer Ebene senkrecht zur Meridionalebene, der sogenannten *Sagittalebene*. Nach der Brechung an der ersten Grenzfläche fällt das Strahlenbüschel auf die zweite Grenzfläche F' in Form der Ellipse $M_1'S_1'M_2'S_2'$. Dabei legen M_1' und M_2' wiederum die Meridional- und S_1' und S_2' die Sagittalebene fest. Die rückwärtigen Verlängerungen der an den Punkten M_1' und M_2' gebrochenen Strahlen schneiden sich im virtuellen Bildpunkt B_M. Die Strahlen PS_1S_1' und PS_2S_2' werden dagegen so gebrochen, dass ihre rückwärtigen Verlängerungen sich im Bildpunkt B_S schneiden. Durch die Brechung an dem Hohlzylindersegment scheinen die Strahlen also von zwei in einer gewissen Entfernung liegenden Bildpunkten herzukommen. Fokussiert man nun auf einen der Bildpunkte, ergibt sich als Abbildung eine horizontale bzw. vertikale Bildlinie, da die beiden Ebenen keinen gemeinsamen Bildpunkt besitzen. Zwischen der vertikalen und

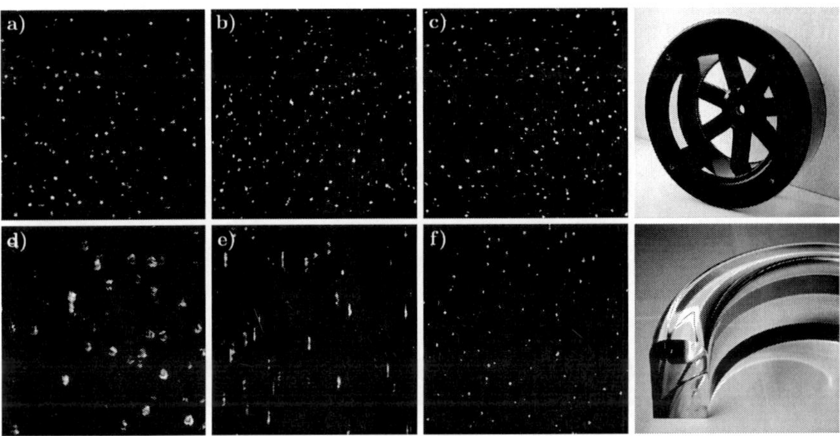

Abbildung 3.3: Veränderung der Partikelabbildung bei der Beobachtung durch verschiedene Acrylglaselemente: a) ohne Acrylglas, b) und c) Reifenmodell mit 2 je 5 mm dicken Acrylglasringen (Foto rechts oben), d) und e) Reifensegment aus 40 mm dicken Acrylglas (Foto rechts unten), f) Reifensegment aus 40 mm dicken Acrylglas und zusätzlicher 30 mm dicker Acrylglasscheibe zur Kompensation der Aberrationen. Die 128 px^2 großen Ausschnitte wurden mit einem *Tamron SP AF 180/3.5 XR Di* - Objektiv und $f_{\#} = 8$ aufgenommen.

horizontalen Bildlinie verbreitert sich der Querschnitt des Strahlenbündels zu einem kreisförmigen, unscharfen Fleck, dem sogenannten *Unschärfekreis.*

Bei den im Rahmen dieser Arbeit durchgeführten SPIV-Messungen im Radhaus beobachten die Kameras das Strömungsfeld durch die – aus Acrylglas gefertigten – Laufflächen des Rades. Um die Auswirkung auf die Qualität der Partikelabbildung abzuschätzen, wurden im Vorfeld Testuntersuchungen mit verschiedenen Acrylglaselementen durchgeführt. Die Versuchsgeometrie für die Voruntersuchungen entspricht dabei näherungsweise dem Aufbau der tatsächlichen Experimente. In Abbildung 3.3 ist die Veränderung der Partikelabbildung in Abhängigkeit von den verwendeten Acrylglaselementen dargestellt. Alle Bilder wurden mit dem gleichen Objektiv und gleicher Blendenzahl aufgenommen. Bild a) zeigt das Referenzbild, welches ohne beeinträchtigende Acrylglaselemente aufgenommen wurde. Die in Bild d) und e) dargestellten Aufnahmen durch ein 4 cm dickes Reifensegment (Foto rechts unten) zeigen im Vergleich eine starke Veränderung der Partikelabbildung durch astigmatische Effekte. In Bild d) lässt sich der erwähnte Unschärfekreis erkennen, der zu einer deutlichen Erhöhung des Partikelbilddurchmessers von $d_\tau \approx 2$–3 px im Referenzbild auf ca. 6–8 px führt. Zudem weicht die Helligkeitsverteilung stark von der Gaußform ab. Dies führt zu einer ungenauen Positionsbestimmung des Korrelationspeaks, da das

Näherungsverfahren einen Peak mit Gauß ähnlicher Form voraussetzt (*Gaussian Peak Fit*). Bei Fokussierung auf einen der beiden Bildpunkte ergeben sich dann stark ausgeprägte Bildlinien (Bild e). Mit Hilfe einer zusätzlichen 30 mm starken Acrylglasscheibe konnten die astigmatischen Effekte zu einem großen Teil kompensiert werden (Bild f). Um eine ausreichende Kompensation zu erzielen muss die zusätzliche Scheibe – in Abhängigkeit der jeweiligen Messposition – exakt zum Hohlzylinder ausgerichtet werden. In der Praxis ist dieses Vorgehen allerdings sehr zeitaufwendig. Als Alternative wurde stattdessen die Dicke des Acrylglases für das Radmodell von 40 mm auf 2×5 mm verringert (Foto rechts oben). Bild b) und c) zeigen die Partikelbilder für zwei unterschiedliche Messpositionen innerhalb des Radmodells. Die astigmatischen Effekte sind deutlich abgeschwächt, so dass im Vergleich zum Referenzbild nur noch geringfügige Veränderungen erkennbar sind. Die Größe der Partikelbilder liegt ähnlich wie beim Referenzbild bei $d_\tau \approx 2$–3 px.

Bei den durchgeführten Messungen an der beheizten Scheibe kommt es aufgrund der entstehenden Dichteänderungen ebenfalls zu astigmatischen Effekten. Die Ausprägung der Effekte nimmt dabei stark mit der Weglänge zu, die die Lichtstrahlen durch das Brechungsindexfeld zurücklegen (Elsinga et al. 2005). Dementsprechend ist die Zunahme des Partikelbilddurchmessers erheblich von der Position der Messfenster abhängig und variiert zwischen $d_\tau \approx 3$–6 px. Der Partikelbilddurchmesser hat einen erheblichen Einfluss auf die Genauigkeit der PIV-Messungen. Für kleine Werte steigt der systematische Fehler infolge des *Peak Locking*-Effektes[†] an, während die zufälligen Fehler mit dem Durchmesser zunehmen (Prasad et al. 1992). Durch diese beiden gegenläufigen Effekte liegt der optimale Partikelbilddurchmesser unabhängig von der Auswertefenstergröße nach Willert (1996) und Westerweel (2000) bei ca. 2–2.5 px. Eine weitere nachteilige Auswirkung der astigmatischen Effekte ist die Abnahme der Partikelbilddichte, die in Bild d) deutlich zu erkennen ist. Diese ist darauf zurückzuführen, dass die zu Verfügung stehende Lichtenergie auf eine größere Sensorfläche verteilt wird und somit bei einem Teil der Partikel keine ausreichende Belichtung des Sensors mehr möglich ist. Als Folge kommt es zu einer Abnahme der örtlichen Auflösung, da die Auswertefenster aufgrund der geringeren Partikelbilddichte vergrößert werden müssen.

Die astigmatischen Effekte lassen sich durch Abblenden des Objektivs teilweise korrigieren. Beim Abblenden werden die äußeren Strahlen in Abbildung 3.2 abgeschnitten, so dass sich der Durchmesser des Unschärfekreises verringert. Aus diesem Grund wurde bei den Untersuchungen die vorhandene Laserleistung voll ausgenutzt, um eine möglichst kleine Beugungsöffnung D bzw. große Blendenzahl $f_\# = f/D$ des Objektives wählen zu können. Ein weiterer Vorteil ist, dass

[†] die ermittelten Partikelbildverschiebungen nehmen bevorzugt Werte in der Nähe von ganzen Zahlen an

sich die Tiefenschärfe δ_z des Objektives mit der Blendenzahl erhöht:

$$\delta_z = 4\left(1 + M^{-1}\right)^2 f_{\#}^2 \lambda \tag{3.7}$$

Die Verringerung der Abbildungsfehler durch Wahl einer hohen Blendenzahl führt somit zu einer effektiven Verringerung des Partikelbilddurchmessers. Dieser Effekt überwiegt der eigentlichen Zunahme des Beugungsbilddurchmessers mit der Blendenzahl. Der Gesamtpartikelbilddurchmesser kann nach Adrian (1991) – bei vernachlässigbaren Abbildungsfehlern – mit Hilfe folgender Gleichung abgeschätzt werden:

$$d_\tau = \sqrt{d_s^2 + M^2 d_p^2} \quad \text{mit} \quad d_s = 2.44\,(1 + M)\, f_{\#} \lambda \tag{3.8}$$

Dabei bezeichnet d_p den physikalischen Partikeldurchmesser und d_s den Durchmesser des Beugungsbildes, der mit der Blendenzahl $f_{\#}$ ansteigt.

3.1.4 Messunsicherheit

Alle in den nachfolgenden Abschnitten durchgeführten Messunsicherheitsbetrachtungen beruhen auf den Ausführungen im Anhang A.1 zur Bestimmung der Messunsicherheit auf Basis des ***G**uide to the Expression of **U**ncertainty in **M**easurement* (GUM).

PIV

Die Messunsicherheit der Geschwindigkeitskomponenten u und v hängt nach Gleichung (3.1) und Gleichung (3.2) von der Genauigkeit der Partikelbildverschiebung ΔX bzw. ΔY, der Zeitdifferenz Δt und des Abbildungsmaßstabes M ab. Unter der Vereinfachung paraxialer Abbildung lässt sich die erweiterte Messunsicherheit für die aus N Messwerten berechnete mittlere Geschwindigkeitskomponente in x-Richtung bzw. y-Richtung nach folgender Beziehung abschätzen:

$$\frac{U_{\overline{u}}}{\overline{u}} = 2\sqrt{\left(\frac{1}{\sqrt{N}}\frac{u_{\Delta X}}{\overline{\Delta X}}\right)^2 + \left(\frac{1}{\sqrt{N}}\frac{u_{\Delta t}}{\overline{\Delta t}}\right)^2 + \left(\frac{u_M}{M}\right)^2} = \frac{U_{\overline{v}}}{\overline{v}} \tag{3.9}$$

Der Unsicherheitsbeitrag $u_{\Delta X}$ ergibt sich bei der Berechnung der Partikelbildverschiebungen durch das sogenannte *Korrelationsrauschen*†. Dieses lässt sich nach van Doorne und Westerweel (2007) durch Einhaltung folgender Kriterien reduzieren:

- Partikelbilddurchmesser $d_\tau \approx 2 - 4\,\mathrm{px}$
- $N_I \geq 10$, N_I entspricht der mittleren Anzahl von Partikelbildern in einem Auswertefenster

†englisch: correlation noise

- $F_O \geq 0.75$, F_O bezeichnet den Anteil der Partikel, die sich zu beiden Aufnahmezeitpunkten im Lichtschnitt befinden
- normierter Geschwindigkeitsgradient $M\,|\Delta u|\,{}^{\Delta t}/_{d_\tau} \leq 0.5$, M [$^{\text{px}}/_{\text{m}}$] bezeichnet den Abbildungsmaßstab, Δu die Geschwindigkeitsdifferenz in einem Auswertefenster

Um die Messunsicherheit durch das Korrelationsrauschen abzuschätzen, werden die Ergebnisse des *Second International PIV Challenge* (Stanislas, Okamoto, Kähler und Westerweel 2005) herangezogen. Für die Vorversion der in dieser Arbeit verwendeten Auswertesoftware *Davis 6* von *LaVision* ergaben sich bei den durchgeführten Benchmark-Tests für die beiden experimentell erzeugten Testfälle Abweichungen von ± 0.065 bis $\pm 0.12\,\text{px}$. Trotz Verwendung der weiterentwickelten Softwareversion (*Davis 7.1*) wird für die im Rahmen dieser Arbeit durchgeführten Messungen eine Standardunsicherheit von $u_{\Delta X} = \pm 0.1\,\text{px}$ als realistisch angesehen, da die oben genannten Bedingungen zur Minimierung des Rauschens in der Praxis nicht immer vollständig erfüllt werden können. Bei der Berechnung der Messunsicherheiten wird das Korrelationsrauschen für Partikelbildverschiebungen von $\Delta X > 0.5\,\text{px}$ als konstant vorausgesetzt, während für Verschiebungen von $\leq 0.5\,\text{px}$ – in Übereinstimmung mit den Ergebnissen der Monte-Carlo-Simulationen in Raffel et al. (2007) – ein linearer Abfall von $u_{\Delta X}$ auf Null angenommen wird.

Die Zeitdifferenz Δt zwischen den Laserpulsen ist aufgrund des *Jitters* der jeweils eingesetzten PTU (**P**rogrammable **T**iming **U**nit) ebenfalls mit einer Messunsicherheit behaftet. Der Jitter bezeichnet kurzzeitige Variationen der Periodendauer des Taktes, dessen Ursachen hauptsächlich in den takterzeugenden Schaltungen liegen. Bei den Abweichungen handelt es sich in der Regel um einen Zufallsprozess, der der Gaußschen Normalverteilung entspricht. Der Jitter wird somit in der Regel aus Messungen ermittelt und als RMS-Wert angegeben (*RMS-Jitter*). Abhängig von der eingesetzten PTU liegt der Jitter laut Datenblatt zwischen $u_{\Delta t} = \pm 0.8\,\text{ns}$ (*LaVision PTU9*) und $\pm 12\,\text{ns}$ (*PTU8*).

Der Abbildungsmaßstab M wird bei den durchgeführten Standard-PIV Messungen nicht durch Vermessung der Abstände d_i und d_0, sondern mit Hilfe eines in den Lichtschnitt eingebrachten Stahl-Maßstabes bestimmt. Dadurch kann eine physikalische Referenzlänge Δl der entsprechenden Bildlänge ΔL zugeordnet und der Abbildungsmaßstab über $M = {}^{\Delta L}/_{\Delta l}$ errechnet werden. Die kombinierte Standardunsicherheit bei der Bestimmung des Abbildungsmaßstabes lässt sich nun wie folgt berechnen:

$$\frac{u_M}{M} = \sqrt{\left(\frac{u_{\Delta L}}{\Delta L}\right)^2 + \left(\frac{u_{\Delta l}}{\Delta l}\right)^2} \tag{3.10}$$

Die Festlegung der Länge L erfolgt beim Kalibriervorgang durch Anklicken der entsprechenden Referenzpunkte auf dem abgebildeten Maßstab. Für die Abschätzung des Unsicherheitsbeitrages wird nun angenommen, dass die Festlegung der beiden Punkte jeweils auf $\pm 1\,\mathrm{px}$ genau möglich ist. Damit ergibt sich die Standardunsicherheit für den Abstand ΔL unter Annahme einer Rechteckverteilung zu $u_{\Delta L} = \pm \left(\sqrt{2}/\sqrt{3}\right)$ px. Da die relative Messunsicherheit von der gewählten Streckenlänge ΔL abhängig ist, sollte diese zur Steigerung der Genauigkeit möglichst groß gewählt werden. Bei den durchgeführten Kalibrierungen entsprach ΔL annähernd der Auflösung des Kamerachips in horizontaler Richtung. Die Messunsicherheit der Referenzlänge Δl lässt sich aus der Fertigungstoleranz des verwendeten Stahlmaßstabes herleiten. Die Maßtoleranz nach *EC-Klasse II* liegt bei $\pm 0.5\,\mathrm{mm}$ auf $1\,\mathrm{m}$, bzw. $\pm 0.05\%$. Damit ergibt sich für den Quotienten $u_{\Delta l}/\Delta l$ ein Wert von $\pm\,(0.05/\sqrt{3})\,\%$.

SPIV

Da die vollständige Modellierung des mathematischen Zusammenhangs zwischen Messgröße und den unterschiedlichen Eingangsgrößen für die SPIV-Messungen aufgrund der komplexen Mathematik nicht ohne Weiteres möglich ist, wird die Messunsicherheit auf Basis einer vereinfachten Modellgleichung analog zu Gleichung (3.9) abgeschätzt. Die erweiterte Messunsicherheit für die gemittelten Geschwindigkeitskomponenten in der Messebene $\overline{u}$ und $\overline{v}$ ergibt sich somit zu:

$$\frac{U_{\overline{u}}}{\overline{u}} = 2\sqrt{\left(\frac{1}{\sqrt{2N}}\frac{u_{\Delta X}}{\Delta \overline{X}}\right)^2 + \left(\frac{1}{\sqrt{N}}\frac{u_{\Delta t}}{\Delta \overline{t}}\right)^2 + \left(\frac{u_{\overline{M}}}{\overline{M}}\right)^2} = \frac{U_{\overline{v}}}{\overline{v}} \tag{3.11}$$

Dabei wird – entsprechend den Ausführungen von Prasad (2000) – angenommen, dass sich der Unsicherheitsbeitrag durch das Korrelationsrauschen im Vergleich zum Standard-PIV um den Faktor $1/\sqrt{2}$ verringert, da die Strömungsinformationen mit 2 Kameras erfasst werden.

Der Abbildungsmaßstab M ergibt sich als Ergebnis des auf polynomischen Abbildungsfunktionen bzw. dem Lochkamera-Verfahren basierenden Kalibrierungsprozesses, vgl. Kapitel 3.1.2. Für die Abschätzung der Messunsicherheit wird nun vereinfacht angenommen, dass der Abbildungsmaßstab über den mittleren Abstand zwischen zwei benachbarten Gitterpunkten berechnet wird. Durch Mittelung über alle Punktabstände im Bildausschnitt (Anzahl der Gitterpunktabstände größtenteils $N_G \geq 100$) lässt sich somit analog zu Gleichung (3.10) die Messunsicherheit $u_{\overline{M}}$ des mittleren Abbildungsmaßstabes $\overline{M}$ berechnen:

$$\frac{u_{\overline{M}}}{\overline{M}} = \sqrt{\left(\frac{1}{\sqrt{N_G}}\frac{u_{\Delta L}}{\Delta \overline{L}}\right)^2 + \left(\frac{1}{\sqrt{N_G}}\frac{u_{\Delta l}}{\Delta \overline{l}}\right)^2} \tag{3.12}$$

Die Größe $u_{\Delta L}$ kann nun mit Hilfe der Standardabweichung der entzerrten Gitterpunkte zum idealen Gitter abgeschätzt werden. Die entsprechenden Werte werden automatisch während der Kalibrierung berechnet und liegen überwiegend bei $\leq 0.5\,\mathrm{px}$, so dass sich die gesuchte Standardunsicherheit zu $u_{\Delta L} =$

$\pm\left(0.5\sqrt{2}\right)$ px ergibt. Die Fertigungstoleranz für den Abstand Δl zwischen zwei benachbarten Gitterpunkten liegt bei der verwendeten 3D-Kalibrierplatte (*LaVision, type 7*) laut Datenblatt bei ± 0.02 mm bzw. $\pm 0.4\%$. Für die darüber hinaus eingesetzten 2D-Kalibriergitter wird die Toleranz ebenfalls mit ± 0.02 mm abgeschätzt. Damit berechnet sich der Messunsicherheitsbeitrag $u_{\Delta l}$ unter Annahme einer Rechteckverteilung zu $u_{\Delta l} = \pm\left({}^{0.02}/\sqrt{3}\right)$ mm.

Eine weitere Unsicherheitsquelle resultiert aus der ungenauen Ausrichtung des Kalibriergitters während der Kalibrierprozedur. Wie bereits in Kapitel 3.1.2 näher erläutert, können sich durch eine Verschiebung oder Verdrehung des Gitters gegenüber der Lichtschnittmitte erhebliche Unsicherheiten bei der Berechnung des resultierenden Vektorfeldes ergeben. Vor diesem Hintergrund wird für den größten Teil der durchgeführten SPIV-Messungen eine Disparitäts-Korrektur durchgeführt, mit der sich kleine Ausrichtungsfehler nachträglich korrigieren lassen. Die verbleibende Messabweichung wird als sehr klein eingeschätzt und kann daher vernachlässigt werden.

Die erweiterte Messunsicherheit für die gemittelte Geschwindigkeitskomponente senkrecht zur Messebene kann über folgende Gleichung abgeschätzt werden:

$$\frac{U_{\overline{w}}}{\overline{w}} = 2\sqrt{\left(\frac{1}{\sqrt{2N}}\frac{u_{\Delta Z}}{\Delta \overline{Z}}\right)^2 + \left(\frac{u_{\Delta z_{KP}}}{\Delta z_{KP}}\right)^2 + \left(\frac{1}{\sqrt{N}}\frac{u_{\Delta t}}{\Delta \overline{t}}\right)^2 + \left(\frac{u_{\overline{M}}}{\overline{M}}\right)^2} \tag{3.13}$$

Nach Prasad (2000) gilt für das Verhältnis der Größen $u_{\Delta Z}$ und $u_{\Delta X}$ bzw. $u_{\Delta Y}$ im Bereich der optischen Achse der folgende Zusammenhang:

$$\frac{u_{\Delta Z}}{u_{\Delta X}} = \frac{u_{\Delta Z}}{u_{\Delta Y}} = \frac{1}{\tan\theta} \tag{3.14}$$

Für einen Kamerawinkel von $\theta = 45\,^\circ$ entspricht das Korrelationsrauschen der Geschwindigkeitskomponente senkrecht zur Messebene somit den Werten der Komponenten in der Messebene. Ist die Einhaltung eines Winkels von $45\,^\circ$ aufgrund eingeschränkter optischer Zugänglichkeit nicht möglich, so steigt die Messunsicherheit entsprechend Gleichung (3.14) an.

Eine weitere, nicht vernachlässigbare Fehlerquelle ergibt sich aus der für die 2D-Kalibriergitter notwendigen Verschiebung des Gitters während der Kalibrierprozedur. Schätzt man die Genauigkeit der Mikro-Traverse, die zur Verschiebung des Gitters verwendet wird, mit $\pm 10\,\mu$m ab, so ergibt sich bei einer Verschiebung des Gitters von $\Delta z_{KP} = 2$ mm in Tiefenrichtung eine relative Unsicherheit von $\pm 0.5\%$. In diesem Fall haben alle Koeffizienten in der dritten Spalte von Gleichung (3.6) – und somit auch die Partikelverschiebungen in z-Richtung – ebenfalls eine Unsicherheit von $\pm 0.5\%$. Die Geschwindigkeitskomponenten in der Messebene werden dagegen nicht beeinflusst (van Doorne und Westerweel 2007). Somit ergibt sich für die Komponente w ein zusätzlicher Unsicherheitsbeitrag $u_{\Delta z_{KP}}$, der sich unter Voraussetzung einer Rechteckverteilung zu $u_{\Delta z_{KP}} = \pm\left({}^{10}/\sqrt{3}\right)\,\mu$m

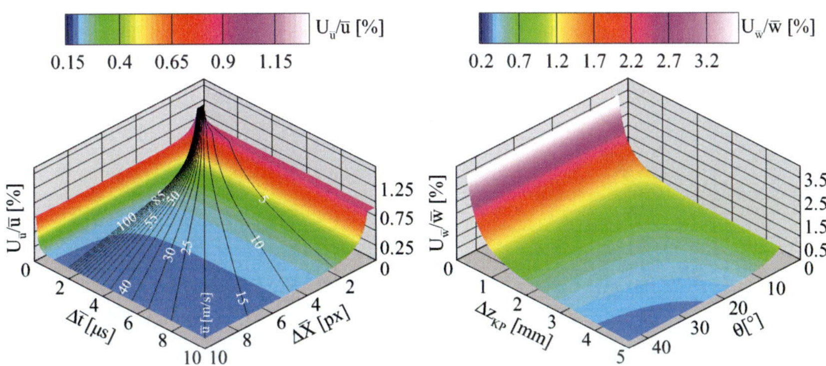

Abbildung 3.4: Erweiterte Messunsicherheit bei SPIV-Messungen. Das linke Bild zeigt die relative Messunsicherheit für die Geschwindigkeitskomponente in x-Richtung in Abhängigkeit der Partikelbildverschiebung $\Delta\overline{X}$ und der Zeitdifferenz $\Delta\bar{t}$ bei Verwendung der PTU8 (Annahmen: $N = 1000$, $M = 50\,\text{px}/\,\text{mm}$, $N_G = 100$). Im rechten Bild ist der Einfluss des Kamerawinkels θ und der Verschiebung Δz_{KP} der Kalibrierplatte auf die Messunsicherheit der Geschwindigkeitskomponente in z-Richtung dargestellt (Annahmen: $\Delta Z = 5\,\text{px}$, $\Delta t = 5\,\mu\text{s}$).

berechnet. Da die relative Messunsicherheit direkt mit der Verschiebung skaliert, sollte generell ein möglichst hoher Wert verwendet werden, der nach oben hin durch die Tiefenschärfe der Kamera begrenzt wird. Ein großer Teil der Experimente wurde mit Hilfe der bereits erwähnten 3D-Kalibrierplatten durchgeführt, bei denen die Verschiebung des Gitters entfällt. Die Messunsicherheit wird hier durch die Fertigungsgenauigkeit der Kalibrierplatte festgelegt. Für die verwendete 3D-Kalibrierplatte von *LaVision* beträgt die Toleranz zwischen den Ebenen nach Herstellerangaben $\pm 10\,\mu$m bzw. $\pm 1\%$ bei einem Abstand der Kalibrierebenen von $\Delta z_{KP} = 1\,\text{mm}$, so dass sich die Standardunsicherheit ebenfalls zu $u_{\Delta z_{KP}} = \pm\,(^{10}/_{\sqrt{3}})\ \mu$m ergibt.

In Abbildung 3.4 ist der Einfluss der wichtigsten Eingangsgrößen auf die erweiterte Messunsicherheit der mittleren Geschwindigkeitskomponenten $\overline{u}$ und $\overline{w}$ dargestellt. Dabei zeigt sich mit abnehmender Partikelbildverschiebung $\Delta\overline{X}$ insbesondere für Werte $\leq 1\,\text{px}$ ein deutlicher Anstieg der relativen Messunsicherheit auf bis zu $\pm 0.92\%$. Der Einfluss der Zeitdifferenz auf die Messunsicherheit ist schwächer ausgeprägt und spielt für die im Versuch gewählten Werte ($\Delta\bar{t} \geq 4.2\,\mu\text{s}$) eine untergeordnete Rolle. Für die Geschwindigkeitskomponente in z-Richtung lässt sich eine ausgeprägte Zunahme der Messunsicherheit mit sinkender Verschiebung des Kalibriergitters Δz_{KP} erkennen. Die Ergebnisse verdeutlichen, dass im Versuch Werte von $\Delta z_{KP} \geq 1\,\text{mm}$ angestrebt werden sollten, da insbesondere für $< 1\,\text{mm}$ ein signifikanter Anstieg der Messunsicherheit auf mehrere Prozent zu verzeichnen ist. Die Wahl des Kamerawinkels ist hinsicht-

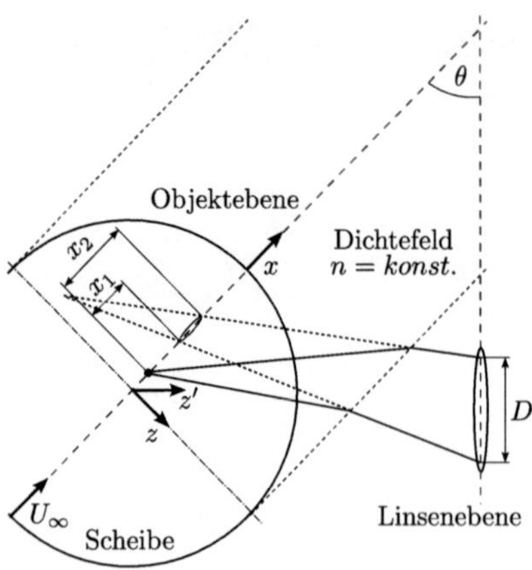

Abbildung 3.5: Schematische Darstellung der optischen Verzerrungen infolge der beheizten Scheibenoberfläche: Die durchgezogenen Linien stellen die am Partikel (gefüllter Kreis) gestreuten Lichtstrahlen dar. Die gestrichelten Linien sind die rückwärtigen Verlängerungen dieser Lichtstrahlen und kennzeichnen die von der Kamera in der Objektebene erfasste Position des Partikels (offene Ellipse).

lich der Messgenauigkeit als weniger kritisch einzustufen und wird daher vor allem durch die erforderliche Einhaltung der Scheimpflug-Bedingung bestimmt. Die auf Basis der jeweiligen Versuchsparameter berechneten Messunsicherheiten für die am generischen Bremsscheibenmodell und im Radhaus des PKW-Halbmodells durchgeführten PIV/SPIV-Messungen finden sich in den Kapiteln 4.1.1 und 5.1.1.

SPIV-Messungen an beheizten Wänden

Die sich an der beheizten Scheibenoberfläche ausbildende Temperaturgrenzschicht führt dazu, dass die Seeding-Partikel durch ein optisch inhomogenes Fluid beobachtet werden und in der Folge zusätzliche Messunsicherheiten generiert werden. Wie in Abbildung 3.5 vereinfacht für eine Ebene $y =$ konst. dargestellt, werden die Lichtstrahlen durch das Dichte- bzw. Brechungsindexfeld über der Scheibe (Annahme $n = konst.$) abgelenkt, so dass sich sowohl der Partikelbilddurchmesser erhöht als auch ein Positionsfehler $\Delta x = 0.5{\cdot}(x_1{+}x_2)$ entsteht, der – abhängig vom vorliegenden Geschwindigkeitsgradienten ${}^{du}/_{dx}$ – in einem entsprechenden Geschwindigkeitsfehler resultiert. Da die Positionsfehler nach Wieneke (2005) durch Anwendung des Lochkamera-Kalibrierverfahrens und nachträglicher Disparitätskorrektur selbst bei ausgeprägten Änderungen des Brechungsindex weitestgehend korrigiert werden können, lässt sich dieser Unsicherheitsbeitrag bei den vorliegenden Messungen in erster Näherung vernachlässigen.

Entsprechend den Ausführungen in Kapitel 3.1.3 ergibt sich durch die erwähnte Erhöhung des Partikelbilddurchmessers ($d_\tau \approx$ 3–6 px) und die daraus resultierende Abnahme der Partikelbilddichte N_I ein Anstieg des Korrelationsrauschens. Durch eine Vergrößerung des Auswertefensters können die negativen Effekte zwar deutlich abgeschwächt werden, dabei entstehen jedoch auch zusätzliche Unsicherheiten infolge des erhöhten Geschwindigkeitsgradienten im Auswertefenster, so dass die Messunsicherheit insgesamt ansteigt. Auf Basis der Monte-Carlo-Simulationen in Raffel et al. (2007) wird das Korrelationsrauschen für die Messungen an der beheizten Scheibe auf $u_{\Delta X} = \pm 0.15\,\text{px}$ abgeschätzt.

3.2 Infrarot-Thermografie

3.2.1 Grundbegriffe

Prinzipiell senden alle Körper oberhalb des absoluten Nullpunktes elektromagnetische Strahlung aus. Beim Aussenden der Strahlung verwandelt sich innere Energie des emittierenden Körpers durch inneratomare Vorgänge in die Energie elektromagnetischer Wellen. Der für die Infrarot-Thermografie interessante Spektralbereich der Wärmestrahlung nimmt im gesamten elektromagnetischen Strahlungsbereich nur einen begrenzten Teil ein und liegt näherungsweise im Wellenlängenbereich zwischen $0.7\,\mu\text{m} < \lambda < 40\,\mu\text{m}$ (Baehr und Stephan 1998). Zur Quantifizierung der ausgesendeten Strahlung eignet sich die sogenannte *spektrale Strahldichte*, die die Richtungs- und Wellenlängenabhängigkeit der ausgestrahlten Energie beschreibt:

$$L_\lambda(\lambda, \vartheta, \varphi, T) = \frac{d^3\Phi}{\cos\vartheta \cdot dA \cdot d\Omega \cdot d\lambda} \tag{3.15}$$

Sie ist definiert als der Strahlungsfluss $d^3\Phi$ (Φ:= Wärmemenge dQ pro Zeit dt), der von einem Flächenelement dA in den durch die Winkel ϑ und φ definierten Raumwinkelelement $d\Omega = {}^{dA}/_{R^2}$ in einem infinitesimalen Wellenlängenintervall $d\lambda$ emittiert wird (vgl. Abbildung 3.6). Das Argument von L_λ zeigt, dass die spezifische Ausstrahlung nicht nur von der Wellenlänge λ und Temperatur T, sondern auch von der Ausstrahlrichtung abhängen kann. Der in der Gleichung auftretende Faktor $\cos\vartheta$ bedeutet dabei, dass L_λ statt auf die Größe des Flächenelementes dA, auf die Projektion des Flächenelementes dA senkrecht zur Strahlrichtung bezogen ist. Die Abhängigkeit von den Abstrahlungswinkeln ϑ und φ fällt nur bei diffus strahlenden Flächen, sogenannten *Lambert-Strahlern* fort.

Für perfekte Emitter, d.h. Schwarzkörperstrahler (Index (s)), ist die spektrale Strahldichte über das *Plancksche Strahlungsgesetz* mit der Temperatur verknüpft. Diese ergibt sich mit den beiden Strahlungskonstanten $c_1 = 2\pi h^{\dagger} c^2$ und $c_2 = {}^{hc}/_{k_B}{}^{\ddagger}$ zu:

$$L_\lambda^{(s)}(\lambda, T) = \frac{c_1}{\pi\Omega_0} \frac{1}{\lambda^5 \exp\left(c_2/\lambda T\right) - 1} \tag{3.16}$$

Dabei bezeichnet Ω_0 einen Raumwinkel von 1 Steradiant. Das Argument von $L_\lambda^{(s)}$ zeigt, dass Schwarzkörperstrahler zu den Lambert-Strahlern gehören und somit

† Plancksches Wirkungsquantum

‡ Boltzmann-Konstante

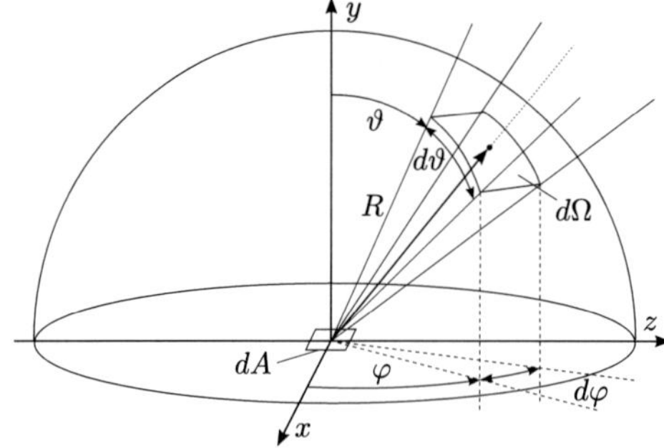

Abbildung 3.6: Schematische Darstellung des von einem Flächenelement dA in das Raumwinkelelement $d\Omega$ emittierten Strahlungsflusses (R Radius, ϑ Zenithwinkel, φ Azimuthwinkel.

eine richtungsunabhängige Ausstrahlcharakteristik besitzen. Von einem realen Körper wird im Vergleich zum Schwarzkörperstrahler dagegen nur ein durch den gerichteten spektralen Emissionsgrad $0 < \epsilon_\lambda < 1$ verminderter Anteil emittiert. Für die spektrale Strahldichte eines realen Körpers gilt daher:

$$L_\lambda(\lambda, \vartheta, \varphi, T) = \epsilon_\lambda(\lambda, \vartheta, \varphi, T) \cdot L_\lambda^{(s)}(\lambda, T) \tag{3.17}$$

Die Gleichung macht deutlich, dass die Richtungsabhängigkeit eines realen Strahlers L_λ aus dem Emissionsgrad ϵ_λ resultiert, der zudem von der Wellenlänge sowie der Temperatur und Oberflächenbeschaffenheit des jeweiligen Körpers abhängt. Ist der Emissionsgrad dagegen unabhängig von der Wellenlänge, spricht man von einem *grauen Strahler*. Betrachtet man nun einen Körper im Strahlungsgleichgewicht, d.h. der Körper sendet soviel Strahlungsenergie aus wie er von der Umgebung empfängt, ist nach dem *Kirchoffschen Strahlungsgesetz* der gerichtete spektrale Absorptionsgrad α_λ gleich dem gerichteten spektralen Emissionsgrad ϵ_λ:

$$\alpha_\lambda(\lambda, \vartheta, \varphi, T) = \epsilon_\lambda(\lambda, \vartheta, \varphi, T) \tag{3.18}$$

Der nicht absorbierte Anteil der einfallenden Strahlung wird an der Körperoberfläche entweder reflektiert oder transmittiert. Aus der Energieerhaltung ergibt sich somit für die Summe aus gerichtetem spektralen Absorptions- α_λ, Reflexions- ρ_λ und Transmissionsgrad τ_λ der folgende Zusammenhang:

$$\alpha_\lambda(\lambda, \vartheta, \varphi, T) + \rho_\lambda(\lambda, \vartheta, \varphi, T) + \tau_\lambda(\lambda, \vartheta, \varphi, T) = 1 \tag{3.19}$$

Bislang wurde mit L_λ lediglich eine Verteilungsfunktion betrachtet, die die Richtungs- und Wellenlängenverteilung des emittierten Strahlungsflusses beschreibt. Integriert man nun über alle Raumwinkel des Halbraums, erhält man die sogenannte *spektrale spezifische Ausstrahlung*

$$M_\lambda(\lambda, T) = \frac{d^2\Phi}{d\lambda \cdot dA} \tag{3.20}$$

die den Strahlungsfluss $d^2\Phi$ beschreibt, den das Flächenelement dA im Wellenlängenbereich $d\lambda$ in den gesamten Halbraum aussendet. Durch erneute Integration über alle Wellenlängen ergibt sich nach dem Gesetz von *Stefan und Boltzmann* die spezifische Ausstrahlung des Schwarzkörperstrahlers zu

$$M^{(s)}(T) = \sigma \cdot T^4 \tag{3.21}$$

mit der Stefan-Boltzmann-Konstante $\sigma = 5.670400 \cdot 10^{-8}\,\mathrm{Wm^{-2}K^{-2}}$.

3.2.2 Ungleichförmigkeitskorrektur und Kalibrierung

Ungleichförmigkeitskorrektur

Der Indium-Antimonide-Sensor (InSb) der eingesetzten Infrarotkamera (*Indigo Phoenix*) besteht aus unabhängig voneinander ansteuerbaren Pixeln, die jeweils eine eigenständige Empfindlichkeit aufweisen. Das unkorrigierte Infrarotbild einer isothermen Oberfläche würde daher deutliche Inhomogenitäten in Form von unterschiedlich hellen Pixeln zeigen. Zur Erzeugung eines homogenen Infrarotbildes müssen die Verstärkungs- und Offsetwerte der einzelnen Pixel daher mit Hilfe einer Korrekturfunktion angepasst werden. Da die geschilderte Inhomogenität der Pixel dabei sowohl von der Integrationszeit als auch von der Objekttemperatur abhängig ist, muss die Ungleichförmigkeitskorrektur[†] jeweils für jede Änderung der Integrationszeit und des Temperaturfensters erneut durchgeführt werden.

Aus diesem Grund wurde bei den vorliegenden Untersuchungen zunächst für alle gewählten Betriebspunkte (mittlere Scheibentemperatur $\overline{T}_{W,S} \approx 100$, 150, 200, 250, 300 °C) für die maximale Anströmgeschwindigkeit von $U_\infty = 55.6\,\mathrm{m/s}$ der auf der Scheibe zu erwartende Temperaturbereich unter Verwendung der installierten Widerstandsthermometer abgeschätzt. Zudem wurde für jeden Messpunkt eine geeignete Integrationszeit festgelegt, um den Dynamikbereich der Kamera optimal auszunutzen, ohne dass bei den maximal auftretenden Temperaturen eine Sättigung des Sensors eintritt. Für die gewählten Integrationszeiten wurde im Anschluss jeweils eine Non-Uniformity-Correction durchgeführt.

Um im gesamten Temperaturbereich ein homogenes Kamerabild zu erzielen, wird bei dem verwendeten Korrekturverfahren im ersten Schritt jeweils ein bildfüllendes, homogen temperiertes Objekt mit der niedrigsten zu erwartenden Temperatur aufgenommen. Zu diesem Zweck wird eine auf die entsprechende Temperatur erwärmte geschwärzte Platte nah am Objektiv der Infrarotkamera in den Strahlengang eingeführt. Durch den kleinen Bildausschnitt wird die Gefahr von Temperatur-Inhomogenitäten im betrachteten Flächenelement minimiert. In einem zweiten Schritt wird die Platte dann auf die höchste zu erwartende Temperatur erwärmt und wieder in den Strahlengang der Kamera eingebracht. Zwi-

[†] englisch: **N**on-**U**niformity-**C**orrection (NUC)

schen diesen beiden Temperaturgrenzen wird für jedes Pixel auf dem Detektor eine Verstärkungs- und Offset-Korrektur errechnet und abgespeichert.

In-situ-Kalibrierung

Ein weiterer wichtiger Faktor bei der Durchführung von Temperaturmessungen mit einem Infrarotkamerasystem ist die Zuordnung der angezeigten Grauwerte zu den jeweiligen Oberflächentemperaturen, die sich prinzipiell analytisch herleiten lässt. Dabei ist zu berücksichtigen, dass die Eigenstrahlung des zu messenden Körpers M_K sowohl durch die vom Körper reflektierte Umgebungsstrahlung M_{UG} als auch durch die Eigenstrahlung der Atmosphäre M_{AT} überlagert wird. Unter Voraussetzung einer Lambertschen Abstrahlcharakteristik ergibt sich die bei der Infrarotkamera eintreffende Strahlung M über den gesamten Spektralbereich somit zu:

$$\begin{aligned} M\left(T_K, T_{UG}, T_{AT}\right) = \tau\epsilon \cdot M_K^{(s)}\left(T_K\right) + \tau\left(1-\epsilon\right) \cdot M_{UG}\left(T_{UG}\right) \\ + \left(1-\tau\right) \cdot M_{AT}\left(T_{AT}\right) \end{aligned} \tag{3.22}$$

Dieser Zusammenhang macht deutlich, dass eine analytische Zuordnung eine genaue Kenntnis der physikalischen Randbedingungen (Emissionskoeffizient des Objektes, Temperatur der umgebenden Wände, Transmissivität und Temperatur der Atmosphäre) erfordert und daher in der Praxis häufig zu ungenau ist. Ein alternatives Verfahren ist die *in-situ-Kalibrierung* nach Sargent et al. (1998), bei der der Zusammenhang zwischen gemessenen Grauwerten und der entsprechenden Wandtemperatur mit Hilfe von Temperatursensoren hergestellt wird, die in die Oberfläche des zu messenden Objektes eingelassen sind. Dieses Verfahren bietet den Vorteil, dass alle Strahlungskomponenten der optischen Übertragungsstrecke sowie weitere relevante Versuchsrandbedingungen bereits in der Kalibrierung enthalten sind.

Für eine möglichst gute Übereinstimmung der physikalischen Randbedingungen bietet es sich an, die Kalibration simultan zu den eigentlichen Messungen durchzuführen. Im vorliegenden Fall wurde davon abgesehen, da die entstehenden hohen Temperaturgradienten eine exakte Zuordnung der Grauwerte zu den von den Platin-Flachmesswiderständen gemessenen Wandtemperaturen erschweren. Aus diesem Grund wurde die Kalibrierung im Vorfeld der Messung für die verschiedenen Integrationszeiten unter Verwendung der jeweiligen Ungleichförmigkeitskorrektur durchgeführt. Der Versuchsaufbau als auch die physikalischen Randbedingungen während der Kalibration entsprachen dabei den eigentlichen Messungen, womit relevante Kalibrierfehler infolge veränderter Versuchsrandbedingungen ausgeschlossen werden können.

Bei der Kalibrierprozedur wird die Scheibe in ruhender Umgebung für eine feste Integrationszeit auf ca. 10 unterschiedliche Wandtemperaturen erhitzt, die jeweils den zu erwartenden Temperaturbereich auf der Scheibe abdecken. Da die

Kalibrierung in ruhender Umgebung durchgeführt wird, stellt sich auf der Scheibe eine weitestgehend gleichförmige Temperaturverteilung ein, so dass Messfehler durch die räumliche Temperaturmittelung über den Sensor – die temperaturempfindliche Fläche der Platin-Leiterbahnen beträgt ca. $2 \times 2\,\mathrm{mm}^2$ – vernachlässigt werden können. Die Ermittlung der Grauwerte G erfolgte jeweils über die Pixel in direkter Nachbarschaft zum Sensor, da die Werte im Bereich der Messwiderstände aufgrund des – durch die fehlende, mattschwarze Lackierung – abweichenden Emissionskoeffizienten zu einer Verfälschung der Kalibration führen würden. Zur Steigerung der Kalibriergenauigkeit wurden für jeden Datenpunkt 1000 Infrarotbilder bzw. 50 Messwerte pro Temperatursensor aufgenommen, aus denen im Anschluss jeweils zeitlich gemittelte Werte berechnet wurden. Ferner wurden sowohl die von den vier Platin-Flachmesswiderständen gemessenen Temperaturen als auch die korrespondierenden Grauwerte gemittelt. Diese Vorgehensweise ist aufgrund der geringen Temperaturabweichungen zwischen den unterschiedlichen Messstellen zulässig.

Für den Zusammenhang zwischen Objekttemperatur und dem von der Infrarotkamera gemessenen Signal wird in der Literatur unter Berücksichtigung des Stefan-Boltzmannschen-Gesetzes nach Gleichung (3.21) teilweise ein Anstieg der Grauwerte mit der vierten Potenz der Temperatur vorgeschlagen. Da der in dieser Arbeit verwendete InSb-Sensor als Photonendetektor und nicht als Strahldichtemesser arbeitet, gilt die allgemeine Form des Stefan-Boltzmannschen-Gesetzes jedoch nicht. Teilt man Gleichung (3.16) durch die Energie eines Photons $^{hc}/_{\lambda}$ [Ws] und integriert wieder über alle Wellenlängen, so erhält man das Stefan-Boltzmann-Gesetz für Photonen

$$M'^{(s)}(T) = \sigma' \cdot T^3 \tag{3.23}$$

mit $\sigma' = 1.5229 \cdot 10^{11}\,\mathrm{s^{-1}cm^{-2}K^{-3}}$ nach Walther (1983). Darüber hinaus muss berücksichtigt werden, dass der verwendete InSb-Sensor nur in einem Wellenlängenbereich von $3 - 5\,\mu\mathrm{m}$ empfindlich ist und daher lediglich einen geringen Teil des Strahlungsspektrums ausnutzt. Dies führt dazu, dass die Zunahme der Photonen mit T^3 zwar für den Strahler gilt, aber beim Empfänger nicht mehr zutrifft. Der Exponent von T kann somit – in Abhängigkeit der Eigenschaften des verwendeten Sensors – deutlich unterschiedliche Werte annehmen, siehe auch Walther (1983). Im vorliegenden Fall hat sich gezeigt, dass sich der Zusammenhang zwischen den gemittelten Werten von Temperatur und Grauwert über eine Beziehung der Form

$$\overline{G}(\overline{T}_W) = a_1 \cdot \overline{T}_W^7 + a_0 \tag{3.24}$$

approximieren lässt. Der hohe Zahlenwert des Exponenten der Wandtemperatur $\overline{T}_W$ ist darauf zurückzuführen, dass der erfasste Strahlungsanteil im Wellenlängenbereich des Sensors von 3–5μm mit der Temperatur stark ansteigt. Nach Schneider (1974) werden von einem InSb-Sensor unter Annahme einer über dem Wellenlängenintervall konstanten Empfindlichkeit bei einer Temperatur von 350 K erst 8.37% der Gesamtstrahlung eines schwarzen Strahlers aus-

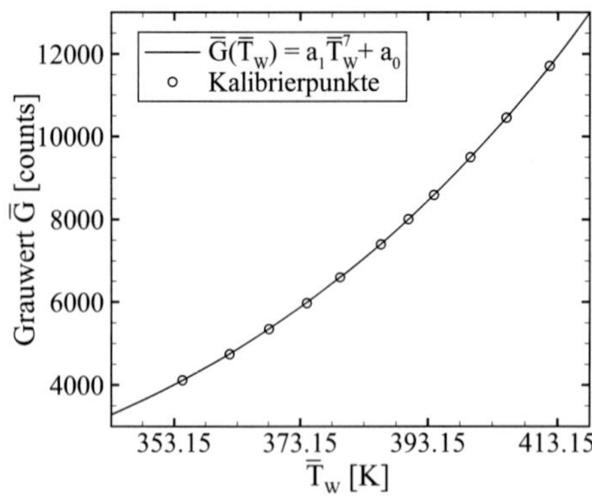

Abbildung 3.7: Exemplarische Kalibrierkurve für einen Temperaturbereich von 81 – 139 °C und einer Integrationszeit von 0.22 ms.

genutzt, während bei 450 K bereits 20.6% erfasst werden. Der Koeffizient a_0 in Gleichung (3.24) beinhaltet – unter Voraussetzung einer konstanten Temperatur von Umgebung bzw. Windkanalwänden und Atmosphäre – den reflektierten Anteil der Umgebungsstrahlung sowie den Strahlungsanteil der Atmosphäre nach Gleichung (3.22). Ferner sind in a_0 die thermische Eigenaktivität des Sensors als auch die Eigenstrahlung der Optik enthalten. Eine exemplarische Kalibrierkurve für die Messungen bei einer mittleren Scheibentemperatur von $\overline{T}_{W,S} \approx 100$ ist in Abbildung 3.7 dargestellt.

Bestimmung des Emissionskoeffizienten

Für die Abschätzung der thermischen Verluste durch Wärmestrahlung wurde zusätzlich der Emissionskoeffizient des verwendeten mattschwarzen Lacks bestimmt. Dabei wurde das von Estorf (2007) entwickelte Messverfahren verwendet, bei dem der Emissionskoeffizient mit Hilfe der von der inneren Wandung einer beheizten Röhre ausgesendeten Referenzstrahlung ermittelt wird. Das Verfahren ermöglicht eine vergleichsweise einfache Bestimmung des gerichteten und über den Spektralbereich der eingesetzten Kamera gemittelten Emissionskoeffizienten $\epsilon_{\lambda=3-5\mu m}$ unter einem Winkel von 15 ° in einem Temperaturbereich von etwa 20–50 °C. Das Verfahren zeigt für eine häufig verwendete Referenzfarbe *Nextel Velvet Coating 811-21* eine hervorragende Übereinstimmung mit den bekannten Messungen von Lohrengel (1987). Für eine genaue Beschreibung des Verfahrens sei auf die Arbeit von Estorf (2007) verwiesen.

Da die eingesetzte mattschwarze Farbe erst bei hohen Temperaturen aushärtet und dabei seine optischen Oberflächeneigenschaften verändert, wurde die verwendete Probe vor der Bestimmung des Emissionskoeffizienten zunächst für einen längeren Zeitraum auf eine Temperatur von > 300 °C erhitzt. Nach Aushärtung der Farbe ergab sich für den Emissionskoeffizienten ein Wert von 0.91.

Die Richtungs- und Temperaturabhängigkeit des Emissionskoeffizienten lässt sich nach Lohrengel (1987) für vergleichbare mattschwarze Beschichtungen weitestgehend vernachlässigen und wurde daher nicht untersucht.

3.2.3 Messunsicherheit

Die erweiterte Messunsicherheit der aus N Infrarotbildern berechneten mittleren Wandtemperatur $\overline{T}_W$ lässt sich mit Hilfe der Standardunsicherheiten von Infrarotkamera, der zur Kalibrierung verwendeten Platin-Flachmesswiderstände sowie der dazugehörigen Datenerfassung (Digital-Multimeter *HP 3457A*) vereinfacht über

$$\frac{U_{\overline{T}_W}}{\overline{T}_W} = \frac{2}{\overline{T}_W}\sqrt{\left(\frac{u_{T_{IR}}}{\sqrt{N}}\right)^2 + \left(\frac{u_{T_{PT}}}{\sqrt{N_{PT}}}\right)^2 + \left(\frac{\partial f(R)}{\partial R}\frac{u_R}{\sqrt{N_{PT}}}\right)^2} \tag{3.25}$$

abschätzen. Dabei bezeichnet N_{PT} die Anzahl der pro Datenpunkt mit den Flachmesswiderständen aufgenommenen Temperaturmesswerte und $f(R)$ die Kennlinienfunktion, die den Zusammenhang zwischen gemessenem Widerstand R und der korrespondierenden Temperatur T_W herstellt.

Als Maß für das thermische Auflösungsvermögen einer Infrarotkamera wird in Datenblättern häufig die rausch-äquivalente Temperaturdifferenz[†] verwendet, die dem Mittel des zeitlichen Rauschens aller Detektorpixel eines Sensors entspricht. In der Literatur werden für moderne Infrarotkameras mit gekühltem InSB-Sensor bei einer Temperatur von 300 K rausch-äquivalente Temperaturdifferenzen zwischen ± 0.02 und $\pm 0.05\,°\mathrm{C}$ angegeben. Bei der im Rahmen dieser Arbeit verwendeten Kamera zeigt sich in der Praxis für die verwendeten Integrationszeiten ein geringfügig höheres Rauschen von $\pm 0.1\,°\mathrm{C}$. Auf Basis dieses Wertes wird der Unsicherheitsbeitrag der Infrarotkamera mit $u_{T_{IR}} = \pm\,(0.1/\sqrt{3})\ °\mathrm{C}$ abgeschätzt. Die Standardunsicherheit der zur in-situ-Kalibration eingesetzten PT1000-Flachmesswiderstände (Klasse B) ergibt sich unter Berücksichtigung der maximal zulässigen Messabweichungen nach *DIN IEC 751* und Annahme einer Rechteckverteilung zu $u_{T_{PT}} = \pm 1/\sqrt{3} \cdot (0.3 + 0.005 \cdot T_W)\ °\mathrm{C}$. Der Unsicherheitsbeitrag des zur Datenerfassung eingesetzten Digital-Multimeters berechnet sich auf Basis der Herstellerangaben (Messbereich 30 kΩ, maximale Auflösung) und unter Ansetzung einer Rechteckverteilung zu $u_R = \pm 1/\sqrt{3} \cdot (0.0035\% \cdot R +$ 6 Ziffernschritte).

Neben den bisher betrachteten Unsicherheitsquellen kommt es bei Temperaturmessungen mit Flachmesswiderständen zu systematischen Abweichungen infolge der Eigenerwärmung des Sensors und des Leitungswiderstands der Zuleitungen, der sich bei der eingesetzten 2-Leitertechnik zum Widerstand des Messfühlers addiert. Während die Eigenerwärmung des Sensors durch den geringen Messstrom von 0.1 mA vernachlässigbar ist ($+0.01\,°\mathrm{C}$ bei $300\,°\mathrm{C}$), wurde die

[†] englisch: **N**oise **E**quivalent **T**emperature **D**ifference (NETD)

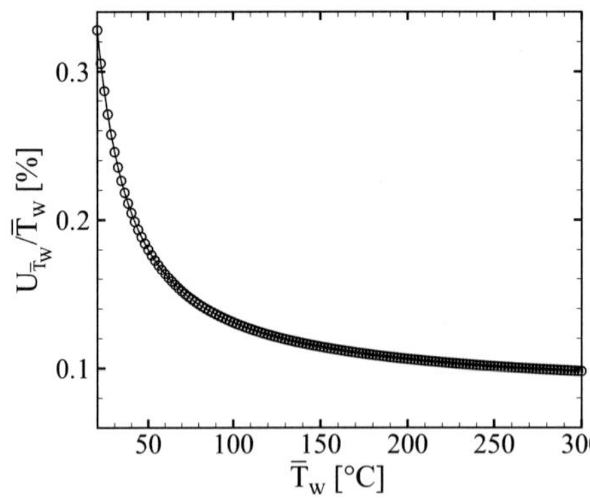

Abbildung 3.8: Erweiterte Messunsicherheit der mittleren Wandtemperatur $\overline{T}_W$ für $N = 1000$ und $N_{PT} = 50$.

Temperaturerhöhung infolge des Leitungswiderstands korrigiert (+0.44 °C bei 5 m Leitungslänge).

In Abbildung 3.8 ist der Verlauf der erweiterten Messunsicherheit in Abhängigkeit der mittleren Wandtemperatur $\overline{T}_W$ dargestellt. Dabei zeigt sich mit zunehmender Temperatur eine Abnahme der relativen Messunsicherheit von ±0.33% bei 20 °C auf ±0.1% bei 300 °C.

3.3 Messung der elektrischen Leistung

3.3.1 Messprinzip

Die Spannungsversorgung der verwendeten Heizfolie erfolgt über einen Ringkerntransformator (*Reo, Boris van Wolff, Typ RRTC*) mit einer Nennleistung von max. 2400 VA (0 – 240 V, 50 Hz). Da der Heizfolienwiderstand vom Hersteller mit einer Toleranz von 22.2 Ω ± 10% angegeben ist und zudem eine geringfügige Temperaturabhängigkeit aufweist, wurden zur genauen Bestimmung der Heizleistung P_H sowohl die Spannung U als auch die Stromstärke I gemessen.

Der elektrische Schaltplan zur Messung der Spannung und des Stromes ist in Abbildung 3.9 dargestellt. Für die Erfassung der Daten werden hochpräzise Digital-Multimeter (*HP 3457A*) verwendet, die jedoch nur Wechselströme bis 1 A verarbeiten können. Daher wird zusätzlich ein Vielfach-Stromwandler (*AEG, Form ML*) eingesetzt, der die Stromstärke entsprechend herab transformiert. Der Wandler wird als Durchsteckstromwandler betrieben, das heißt der Leiter wird als Primärwicklung durch die Wandleröffnung geführt. An die Klemmen k und l der Sekundärwicklung, die für eine Stromstärke von 5 A bemessen ist, wird das Messgerät angeschlossen. In der verwendeten Konfiguration wird der Leiter 6 mal durch die Öffnung geführt, so dass sich ein Übersetzungsverhältnis von $K_i = {}^{I_1}/{}_{I_2} = 20$ ergibt.

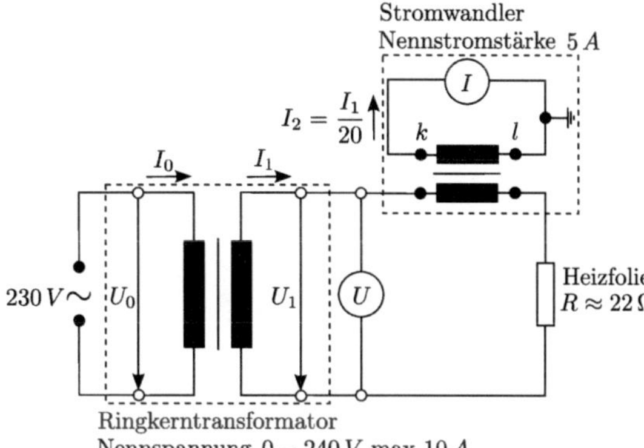

Abbildung 3.9: Schaltbild zur Ermittlung der Heizspannung U und der Heizstromstärke I.

Für die Berechnung der Heizleistung müssen die Effektivwerte von Spannung und Strom verwendet werden, die sich jeweils aus dem quadratischen Mittelwert einer Periode T ergeben. Die Effektivwerte bewirken an einem Ohmschen Widerstand den gleichen Energieumsatz in Form von Wärmeenergie wie die äquivalenten Gleichspannungen. Die verwendeten Multimeter bestimmen die Effektivwerte, in dem sie die Eingangssignale vor der Digitalisierung mit Hilfe eines Echt-Effektivwert-Gleichrichters in eine Gleichspannung umwandeln. Die Heizleistung kann nun mit Hilfe des Übersetzungsverhältnisses und der Effektivwerte von Spannung und Strom über folgende Beziehung berechnet werden:

$$P_H = K_i U_1 I_2 \cos\phi \quad \text{mit} \quad \cos\phi = 1 \tag{3.26}$$

Dabei bezeichnet ϕ den Phasenwinkel zwischen U_1 und $I_1 = I_2 K_i$ sowie $\cos\phi$ den Leistungsfaktor, der das Verhältnis von Wirkleistung zur Scheinleistung angibt. Da Spannung und Strom bei der vorliegenden ohmschen Belastung in Phase sind, ergibt sich der Leistungsfaktor zu $\cos\phi = 1$ (Busch 2006).

Aus den durchgeführten Messungen konnte nachträglich der tatsächliche Heizfolienwiderstand ermittelt werden. Dieser ergibt sich bei einer Temperatur von ca. 100 °C zu 22.16 Ω und bei ca. 300 °C zu 22.8 Ω.

3.3.2 Messunsicherheit

Die Messunsicherheit bei der Ermittlung der Heizleistung hängt von der Genauigkeit des Stromwandlers und der zur Messdatenerfassung verwendeten Digital-Multimeter ab. Auf Basis von Gleichung (3.26) lässt sich die erweiterte Messunsicherheit der aus N Messwerten berechneten mittleren Heizleistung $\overline{P}_H$ nach folgender Beziehung berechnen:

$$\frac{U_{\overline{P}_H}}{\overline{P}_H} = 2\sqrt{\left(\frac{1}{\sqrt{N}}\frac{u_{U_1}}{\overline{U}_1}\right)^2 + \left(\frac{1}{\sqrt{N}}\frac{u_{I_2}}{\overline{I}_2}\right)^2 + \left(\frac{1}{\sqrt{N}}\frac{u_{I_{2,WL}}}{\overline{I}_2}\right)^2} \tag{3.27}$$

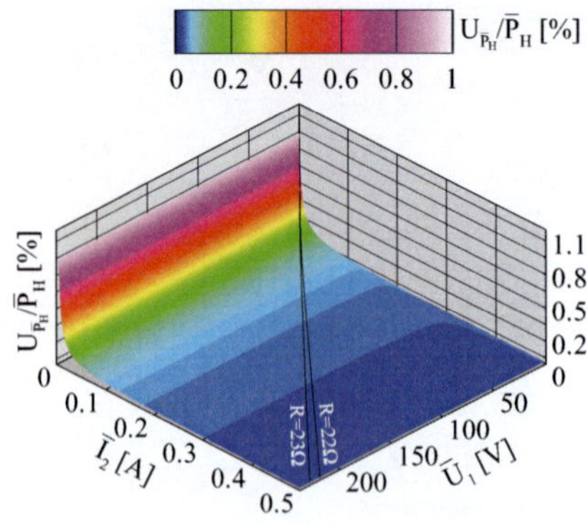

Abbildung 3.10: Erweiterte Messunsicherheit der mittleren Heizleistung $\overline{P}_H$ in Abhängigkeit der Spannung U_1 und Stromstärke I_2 für $N =$ 1000 Messwerte. Die beiden Isolinien zeigen die Kombinationen von Spannung und Stromstärke für einen Heizfolienwiderstand von 22 Ω bzw. 23 Ω.

Die Messunsicherheit des Digital-Multimeters berechnet sich unter Verwendung der Herstellerangaben und unter Voraussetzung einer Rechteckverteilung für Messungen der Wechselspannung zu $u_{U_1} = \pm{}^1/\sqrt{3}\cdot(0.19\%\cdot U_1 + 116\,\text{Ziffernschritte})$ und für Messungen des Wechselstromes zu $u_{I_2} = \pm{}^1/\sqrt{3}\cdot(0.35\%\cdot I_2 + 290\,\text{Ziffernschritte})$ bei jeweils max. Auflösung und einem Messbereich von 300 V bzw. 1 A. Der eingesetzte Stromwandler hat laut Hersteller eine Genauigkeitsklasse von 0.2, für die sich bei Ansetzung einer Rechteckverteilung eine resultierende Standardunsicherheit von $u_{I_{2,WL}} = \pm\,({}^{2.5}/\sqrt{3})$ mA für $I_2 = 0.5$ A und $u_{I_{2,WL}} = \pm\,({}^{1.875}/\sqrt{3})$ mA für $I_2 = 0.25$ A ergibt. Zwischen den beiden Stützstellen wird die Messunsicherheit linear interpoliert bzw. für Sekundärströme von < 0.25 A extrapoliert. Der zusätzlich auftretende Winkelfehler des Wandlers ist für die durchgeführten Leistungsmessungen nicht relevant.

Abbildung 3.10 zeigt die erweiterte Messunsicherheit in Abhängigkeit der gemessenen Spannung U_1 und der Stromstärke I_2 für $N = 1000$ Messwerte. Dabei ist zu erkennen, dass der Unsicherheitsbeitrag des Stromwandlers dominiert und die Messunsicherheit folglich deutlich mit steigender Stromstärke abnimmt. Im Bereich zwischen den beiden Isolinien für 22 Ω bzw. 23 Ω befinden sich die in den Versuchen auftretenden Paarungen von Spannung und Strom. Für die geringste gemessene Heizleistung ($\overline{P}_H \approx 415$ W) ergibt sich somit die größte relative Messunsicherheit von $\pm 0.04\%$.

4 Aerodynamische Untersuchungen am generischen Bremsscheibenmodell

Für ein grundlegendes Verständnis der im Nahfeld einer Bremsscheibe vorliegenden Strömungsverhältnisse wurde zunächst der generische Testfall einer turbulent überströmten, beheizbaren und rotierenden Scheibe untersucht. Zur Analyse der sich entwickelnden dreidimensionalen Grenzschichtströmung und des konvektiven Kühlverhaltens wurden mit Hilfe der nachfolgend erläuterten experimentellen Versuchsaufbauten umfangreiche Geschwindigkeits- und Wärmeübergangsmessungen durchgeführt, deren Ergebnisse in diesem Kapitel detailliert diskutiert werden. Auf Basis der SPIV-Messungen wird dabei systematisch der Einfluss von Scheibendrehung und beheizter Wand auf die turbulente Plattengrenzschicht untersucht. Darüber hinaus wird anhand der Temperatur- und Heizleistungsmessungen der Zusammenhang zwischen Strömungsfeld auf der Scheibe und resultierendem konvektiven Wärmeübergang aufgezeigt.

4.1 Experimenteller Aufbau und Durchführung

4.1.1 SPIV-Messungen

Messaufbau

Der zur Vermessung der dreidimensionalen Grenzschichtströmung verwendete SPIV-Aufbau ist in Abbildung 4.1 schematisch dargestellt. Ferner findet sich in Tabelle 4.1 eine Zusammenstellung der für die SPIV-Messungen eingesetzten Hardware.

Für die Beleuchtung der Tracer-Partikel wurde ein Nd:YAG-Doppelpulslaser (*Quantel Brilliant*, ②) mit einer maximalen Pulsenergie von 150 mJ eingesetzt. Wie der Versuchsaufbau zeigt, wird der Ausgangsstrahl des Lasers zunächst über einen vergüteten Spiegel um 90° umgelenkt und nachfolgend über eine Lichtschnittoptik (③) aufgefächert. Die Lichtschnittoptik besteht aus einer Zylinderlinse und einer Fokussieroptik (*Modular-Fokus-System*), mit deren Hilfe die Dicke des Lichtschnitts stufenlos eingestellt werden kann. Mit einem weiteren justierbaren Spiegel (④) wird der Lichtschnitt erneut umgelenkt, so dass dieser nahezu tangential auf die Oberfläche der Scheibe (⑦) trifft. Durch diese Anordnung lassen sich unerwünschte Reflexionen auf der Scheibenoberfläche minimieren. Dazu sei angemerkt, dass das Laserlicht bei den Messungen mit beheizter Scheibe durch die entstehenden Dichtegradienten von der Wand weg gebrochen wurde. Für diese Fälle musste der Neigungswinkel des Spiegels daher entsprechend er-

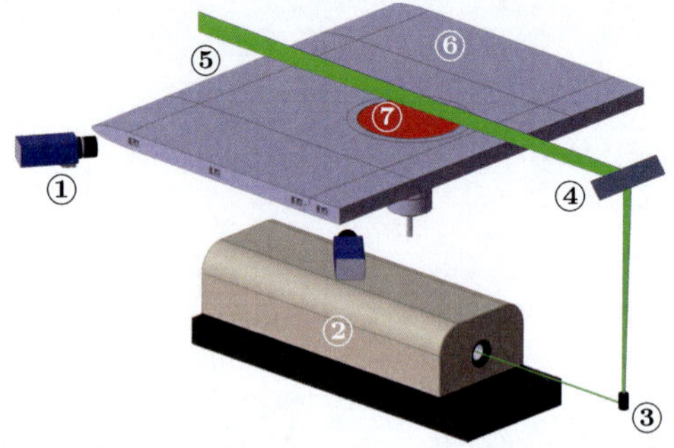

Abbildung 4.1: Prinzipieller SPIV-Versuchsaufbau zur Vermessung der wandnormalen Geschwindigkeitsfelder auf der Scheibe: ① CCD-Kameras, ② Nd:YAG-Laser, ③ Lichtschnittoptik und Umlenkspiegel, ④ Umlenkspiegel, ⑤ Laserlichtschnitt, ⑥ ebene Platte, ⑦ beheizbare, rotierende Scheibe.

höht werden, um eine vollständige Ausleuchtung des Messfensters bis zur Wand sicherzustellen. Die resultierenden Messebenen sind – wie in Abbildung 4.1 dargestellt – in Strömungsrichtung orientiert. Der Laser lässt sich mit Hilfe einer 1-Achsen Traverse motorisch in Spannweitenrichtung der ebenen Platte verfahren, um den Lichtschnitt flexibel auf der Scheibe positionieren zu können. Die Umlenk- und Lichtschnittoptik (③) ist dabei über ein Optikbanksystem fest an den Laser gekoppelt, so dass die Position der Messebene mit möglichst geringem Aufwand verändert werden kann. Um alle benötigten Messebenen auf der Scheibe ohne aufwendige Neupositionierung des Spiegels realisieren zu können, ist die Länge des Spiegels auf den maximalen Verfahrweg in Spannweitenrichtung abgestimmt.

Das an den Partikeln gestreute Licht wurde mit zwei gekühlten CCD-Kameras (*PCO Sensicam*, ①) aufgenommen, die eine Auflösung von $1280 \times 1024\,\mathrm{px}^2$ und eine Bildfrequenz von 8 Hz besitzen. Die Kameras wurden mit *Tamron SP AF* 180 mm *F/3.5 Di LD* Makro-Objektiven mit 180 mm Brennweite und *Tamron-F AF 2*× Tele-Convertern betrieben, welche die Brennweite auf insgesamt 360 mm verdoppeln. Durch die eingesetzte Kombination von Objektiv und Tele-Converter ergab sich in der wandnormalen Messebene eine Messfenstergröße von ca. $26.5 \times 20\,\mathrm{mm}^2$ bzw. ein Abbildungsmaßstab von $48.5\,\mathrm{px/mm}$, so dass eine hochaufgelöste Vermessung der Grenzschicht ermöglicht wurde. Um die Scheimpflug-Bedingung einhalten zu können, wurden Kameras und Objektive auf vom Institut für Strömungsmechanik entwickelte Scheimpflug-Adapter montiert. Abbildung 4.1 macht deutlich, dass eine der Kameras jeweils das vorwärts- und eine das rückwärts gestreute Licht aufnimmt, wodurch es infolge der starken Winkelabhängigkeit der Streuintensität (*Mie-Streuung*) zu Helligkeitsunterschieden kommt, die durch Wahl einer unterschiedlichen Blende ausgeglichen werden müssen, vgl. Tabelle 4.1. Die Synchronisation der Komponenten wurde mit einer Sequencer-Karte mit Phasenschieber (*Hardsoft PTU 8*) realisiert, mit der sich – unter Verwendung eines Lichtschranken-Triggersignals – Messungen bei einem konstanten Scheiben-Phasenwinkel durchführen lassen. Durch die phasenstarren

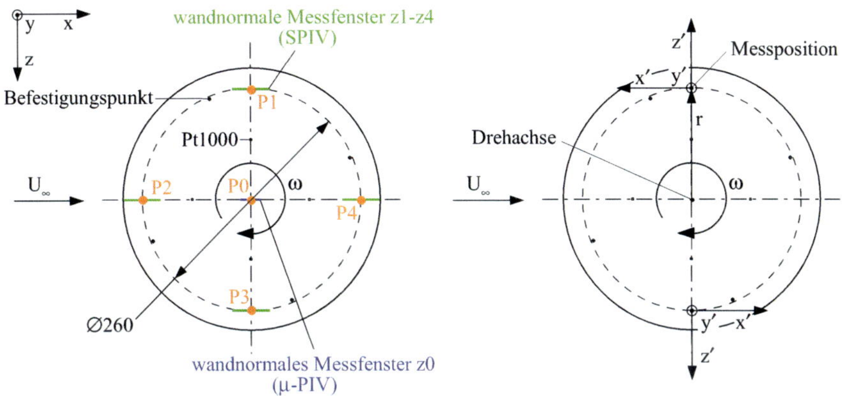

Abbildung 4.2: Lage der wandnormalen SPIV- und μ-PIV-Messfenster z0–z4 sowie der Positionen P0–P4 auf dem generischen Bremsscheibenmodell (linkes Bild). Definition des Koordinatensystems im bewegten Bezugssystem der Scheibe (rechtes Bild).

Messungen ist gewährleistet, dass die obere Kante der Scheibe auf den PIV-Aufnahmen – trotz der angesprochenen geringfügigen Höhenabweichungen über den Umfang von $\pm 0.12\,\text{mm}$ – jeweils exakt die gleiche Position einnimmt und somit die Berechnung eines mittleren Geschwindigkeitsfeldes erleichtert wird.

Neben den SPIV-Messungen wurden in der Scheibenmitte zusätzlich μ-PIV-Messungen zur hochaufgelösten Vermessung der Referenzgrenzschicht ohne Scheibendrehung durchgeführt. Zu diesem Zweck wurde eine *PCO4000*-CCD-Kamera mit einer Auflösung von $4008 \times 2672\,\text{px}^2$ in Kombination mit einem *Infinity K2/S*-Fernmikroskop betrieben, das mit einer *CF1-Linse* und 2× *TR-Tubes* ausgerüstet wurde. In dieser Linsenkombination ergab sich eine Messfenstergröße von ca. $17.7 \times 12.3\,\text{mm}^2$ und ein gegenüber den SPIV-Messungen deutlich erhöhter Abbildungsmaßstab von 210 px/mm. Um eine ausreichende Beleuchtung für das vergleichsweise lichtschwache Fernmikroskop sicherzustellen, wurde die Aufweitung des Lichtschnitts entsprechend der Messfenstergröße angepasst.

Lage und Abmessungen der Messfenster

Die Vermessung des Geschwindigkeitsfeldes mit Hilfe von SPIV hat zum Ziel, die aus der Scheibendrehung resultierende dreidimensionale Strömungstopologie auf dem Bremsscheibenmodell zu erfassen. Um dies zu gewährleisten, wurde die Vermessung der Grenzschicht an unterschiedlichen Scheibenpositionen durchgeführt. Die in Längsrichtung orientierten, wandnormalen SPIV-Messfenster z1–z4 auf der Scheibe sind in Abbildung 4.2 dargestellt. Die Messfenster wurden dabei so gewählt, dass an den Positionen P1–P4, an denen die Umfangsgeschwindigkeit der Scheibe jeweils senkrecht oder parallel zur Anströmung orientiert ist, Grenzschichtprofile extrahiert werden konnten. Für die Messpositionen wurde ein Radius von $r = 0.13\,\mathrm{m}$ bzw. $r/R_S = 0.85$ im äußeren Bereich der Scheibe gewählt, da hier aufgrund der hohen lokalen Umfangsgeschwindigkeit eine deutliche Beeinflussung der Grenzschicht zu erwarten ist. Die Vermessung der Referenzgrenzschicht mit Hilfe von μ-PIV erfolgte in der Scheibenmitte im Messfenster z0.

Sofern nicht anders angegeben, beziehen sich im Weiteren alle Koordinatenangaben auf ein Koordinatensystem mit Ursprung in der Drehachse der Scheibe. Die zur Berechnung der lokalen Kennzahlen (Re_x, Nu_x) benötigte Lauflänge x ist dagegen jeweils auf die Vorderkante der ebenen Platte bezogen. Neben dem erdfesten Koordinatensystem wurde zusätzlich ein auf der Scheibe fixiertes, mitdrehendes Koordinatensystem definiert, siehe rechte Skizze in Abbildung 4.2. Das Koordinatensystem wurde dabei so gewählt, dass sich im mitbewegten Bezugssystem der Scheibe für die durch die Scheibendrehung in x'-Richtung induzierte Geschwindigkeitskomponente ein positiver Wert ergibt.

Mess- und Auswerteparameter

Die Auswertung der Messdaten erfolgte mit Hilfe der Software *DaVis 7.1* der Firma *LaVision*, welche die Geschwindigkeitsfelder über ein Kreuzkorrelationsverfahren errechnet. Die erzeugten Partikelbildpaare wurden mit einem *Mehrfach-Gitter* und *Mehrfach-Durchgangs-Algorithmus*[†] mit adaptiver *Auswertefenster-Deformation*[‡] ausgewertet. Die Endgröße der Auswertefenster wurde auf $32 \times 32\,\mathrm{px}^2$ festgelegt, so dass sich im physikalischen Raum bei 75%-Überlappung der Fenster ein Vektorabstand von $0.165\,\mathrm{mm} \times 0.165\,\mathrm{mm}^2$ ergibt.

Da die Wahl der Auswertefenstergröße einen entscheidenden Einfluss auf die Geschwindigkeitsverteilungen und insbesondere die turbulenten Schwankungsgrößen hat, soll dieser Punkt im Folgenden noch einmal detaillierter betrachtet werden. Grundsätzlich wird beim PIV-Verfahren ein Geschwindigkeitsvektor über die mittlere Verschiebung der Partikel in einem Auswertefenster berechnet. PIV wirkt daher als räumlicher Filter, der den jeweiligen Geschwindigkeitsvektor durch Mittelung der Geschwindigkeiten in einem vom Auswertefenster und der Lichtschnittdicke aufgespannten Volumen berechnet. Als Folge können kleine Turbulenzstrukturen als auch starke Gradienten in der Strömung durch den Filtereffekt nicht mehr aufgelöst werden. Wird nun das Auswertefenster zur Verbesserung der räumlichen Auflösung zu stark verkleinert, sinkt das Signal-zu-Rausch-Verhältnis ab, da die notwendige Anzahl von Partikelbildern im Auswertefenster ($N_I \geq 10$) unterschritten wird. Dieser nachteilige Effekt überwiegt im Allgemeinen dem Vorteil, dass der maximale, im Messfenster auftretende Geschwindigkeitsgradient mit sinkender Fenstergröße abnimmt.

[†] englisch: multi-grid multi-path algorithm

[‡] englisch: window-deformation technique

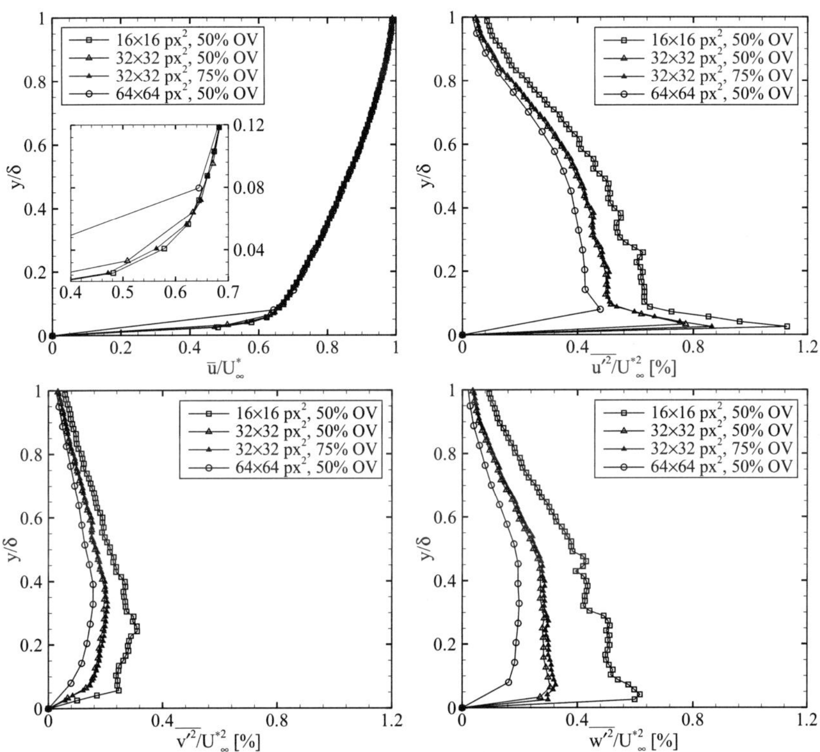

Abbildung 4.3: Einfluss der Auswertefenstergröße und der Fensterüberlappung auf das mittlere Geschwindigkeitsprofil $\overline{u}$ und die Reynoldschen Normalspannungen $\overline{u'^2}$, $\overline{v'^2}$ und $\overline{w'^2}$. SPIV-Messungen an einer ebenen Plattengrenzschicht für den Fall ohne Scheibendrehung (Messposition P2, $Re_x = 1.07 \cdot 10^6$, $U_\infty = 27.8\,\mathrm{m/s}$).

Abbildung 4.3 zeigt exemplarisch den Einfluss der Parameter Auswertefenstergröße und der Fensterüberlappung[†] auf das mittlere Geschwindigkeitsprofil $\overline{u}$ und die Reynoldschen Normalspannungen $\overline{u'^2}$, $\overline{v'^2}$ und $\overline{w'^2}$ für eine SPIV-Messung ohne Scheibendrehung im Bereich der Messposition P2 ($Re_x = 1.07 \cdot 10^6$, $U_\infty = 27.8\,\mathrm{m/s}$). Um aussagekräftige statistische Ergebnisse zu erhalten, wurden die Größen jeweils aus 1000 einzelnen Vektorfeldern berechnet. Für die gemittelte Größe $\overline{u}$ zeigt sich lediglich in Wandnähe ein geringer Effekt der Auswertefenstergröße auf die Geschwindigkeitsverteilung, die aus der unterschiedlichen Auflösung der lokalen Geschwindigkeitsgradienten resultiert. Ein Vergleich der

[†]englisch: **ov**erlap (OV)

Verläufe für $32 \times 32\,\text{px}^2$ (75% OV) und $16 \times 16\,\text{px}^2$ (50% OV) macht deutlich, dass das mit abnehmender Fenstergröße ansteigende Rauschen – bei Mittelung über eine ausreichend hohe Bildanzahl – keine Rolle spielt. Die Erhöhung der Festerüberlappung von 50% auf 75% für eine Fenstergröße von $32 \times 32\,\text{px}^2$ ist mit einer Interpolation vergleichbar, die – wie der Vergleich mit $16 \times 16\,\text{px}^2$ (50% OV) zeigt – in Wandnähe noch zusätzliche Informationen liefert.

Für die Verläufe der Reynoldschen Normalspannungen lässt sich im Gegensatz zum mittleren Geschwindigkeitsprofil ein erheblicher Einfluss der Auswertefenstergröße beobachten. Mit abnehmender Fenstergröße werden die Kurven für alle betrachteten Komponenten deutlich zu höheren Werten verschoben. Während die Turbulenzstrukturen bei einem Auswertefenster von $64 \times 64\,\text{px}^2$ nur ungenügend aufgelöst werden können, zeigt sich für $16 \times 16\,\text{px}^2$ aufgrund des abnehmenden Signal-zu-Rausch-Verhältnisses ein uneinheitlicher Verlauf mit hohem Rauschanteil. Die verbesserte Auflösung wird somit durch einen erhöhten Messfehler erkauft, der maßgeblich für die Verschiebung der Nomalspannungs-Verläufe zu höheren Werten verantwortlich ist. Auf Basis dieser Voruntersuchungen wurden als geeignete Auswerteparameter eine Fenstergröße von $32 \times 32\,\text{px}^2$ und eine Fensterüberlappung von 75% ausgewählt.

Für die weitere Beurteilung der gemessenen Verläufe ist nun entscheidend welcher Anteil der Turbulenzenergie mit der gewählten Fenstergröße aufgelöst werden kann. Zur vollständigen räumlichen und zeitlichen Erfassung der turbulenten Strukturen in der Grenzschicht ist es notwendig, das *Kolmogorov* Längen- und Zeitmaß

$$\eta = \left({}^{\nu^3}\!/_{\epsilon_t}\right)^{1/4} \quad \text{und} \quad t = \left({}^{\nu}\!/_{\epsilon_t}\right)^{1/2} \tag{4.1}$$

auflösen zu können. Dabei bezeichnet die Größe ϵ_t die turbulente Dissipation. Nach Herpin et al. (2008) ist η in Wandeinheiten universell und beträgt $\eta^+ = 2$ für $y^+ < 30$ und steigt dann langsam mit y^+ an. Daraus ergibt sich in der wandnahen Schicht für das Längenmaß ein Wert von etwa $\eta = 24.4\,\mu\text{m}$[†] und durch nachfolgende Berechnung der Dissipation für das Zeitmaß ein Wert von $t = 37.7\,\mu\text{s}$. Während sich die zeitliche Auflösung durch Wahl einer geeigneten Zeitdifferenz zwischen den Laserpulsen unproblematisch gestaltet ($\Delta t = 4.4\,\mu\text{s}$), lässt sich die Auflösung der Kolmogorov-Länge mit einem herkömmlichen SPIV-System nicht ohne weiteres realisieren. Da der Hauptteil der kinetischen Energie der Schwankungsbewegung jedoch den großen Turbulenzelementen zugeordnet werden kann, lassen sich die turbulenten Schwankungsgrößen bereits durch Auflösung eines Vielfachen der Kolmogorov-Länge mit hoher Genauigkeit bestimmen. Saarenrinne et al. (2001) haben aus der berechneten Verteilungsfunktion des Spektrums der turbulenten kinetischen Energie abgeleitet, dass – unter Berücksichtigung des *Abtasttheorems* nach *Nyquist* – eine räumliche Auflösung von $20\eta \approx 0.48\,\text{mm}$ ausreichend ist, um 95% der tatsächlichen turbulenten kineti-

[†] die für die Berechnung von η benötigte Wandschubspannungsgeschwindigkeit u_τ wurde mit Hilfe des emprischen Zusammenhangs von Schultz-Grunow (1941) abgeschätzt

schen Energie zu erfassen. Entsprechend dem Vorgehen von Saarenrinne et al. (2001) lässt sich auf Basis der Verteilungsfunktion schließen, dass bei einer Seitenlänge des Auswertefensters von 32 px bzw. 0.66 mm $\approx 27\eta$ im wandnahen Bereich ($y^+ < 30$) ca. 90–95% und im restlichen Strömungsfeld – aufgrund des Anstiegs von η^+ für $y^+ \geq 30$ – etwa 95% der turbulenten kinetischen Energie erreicht werden. Dabei ist zu berücksichtigen, dass hohe Gradienten – wie etwa im Bereich des Maximums von $\overline{u'^2}$ – mit der gewählten Auswertefenstergröße nicht vollständig aufgelöst werden können, vgl. Abbildung 4.3. Für das kleinste untersuchte Auswertefenster mit einer Seitenlänge von 16 px $\approx 14\eta$ werden in der wandnahen Schicht bereits $> 95\%$ der turbulenten kinetschen Energie erreicht, während für das größte Fenster mit einer Seitenlänge von 64 px $\approx 54\eta$ etwa erst 85% der Turbulenzenergie aufgelöst werden können. Die durchgeführten Betrachtungen bestätigen ferner die anfangs getroffene Annahme, dass die deutliche Verschiebung der Normalspannungsverteilungen zu höheren Werten bei Verkleinerung der Auswertefenstergröße von $32 \times 32\,\text{px}^2$ auf $16 \times 16\,\text{px}^2$ hauptsächlich auf einen signifikanten Anstieg des Rauschens und nur zu einem geringen Teil auf die verbesserte Auflösung der Turbulenzstrukturen zurückzuführen ist.

Insbesondere für den Vergleich mit den numerischen Simulationen von Körner (2009) ist von besonderem Interesse welcher Rauschanteil für die gewählte Fenstergröße von $32 \times 32\,\text{px}^2$ in den gemessenen Verläufen der Reynoldschen Normalspannungen enthalten ist. Zur Abschätzung des Rauschanteils wird eine einfache numerische Untersuchung durchgeführt, bei der die Messwerte mit einem zusätzlichen, künstlichen Rauschsignal überlagert werden. Zu diesem Zweck wird zunächst für jeden der $n = 1000$ an einer Position $y =$ konst. gemessenen Geschwindigkeitswerte die einfache Standardunsicherheit auf Basis der Messparameter und der jeweiligen Partikelbildverschiebung berechnet, siehe Messunsicherheitsbetrachtungen in Kapitel 3.1.4 und experimentelle Parameter in Tabelle 4.1. Zur Bestimmung der mit einer künstlichen Messunsicherheit versehenen Geschwindigkeitswerte wird nun in *Matlab* mit Hilfe der Funktion *randn* ein Zufallswert unter Vorgabe einer Gaussverteilung bzw. des ursprünglichen Geschwindigkeitswertes und der dazugehörigen Standardunsicherheit generiert. Im Anschluss werden aus den ermittelten Geschwindigkeitswerten die Reynoldschen Normalspannungskomponenten neu berechnet. Wie Abbildung 4.4 für die Komponente $\overline{u'^2}$ zeigt, ist der berechnete Verlauf (①) erwartungsgemäß geringfügig zu höheren Werten verschoben. Bei zwei- bzw. dreifacher (Verlauf ② bzw. ③) Überlagerung der Messwerte mit einem künstlichen Rauschsignal wird deutlich, dass die Kurven jeweils um einen näherungsweise konstanten Betrag in wandnormaler Richtung verschoben werden. Durch Extrapolation lässt sich somit folgern, dass der Rauschanteil in den ursprünglich gemessenen Verteilungen in etwa der Differenz zwischen Verlauf ① und den Messwerten entspricht. Die aus dieser Annahme resultierenden rauschfreien Normalspannungsverteilungen sind in Abbildung 4.4 für alle Komponenten dargestellt. Erwartungsgemäß zeigt sich für $\overline{w'^2}$ aufgrund der erhöhten Messunsicherheit von w gegenüber den Geschwindigkeits-

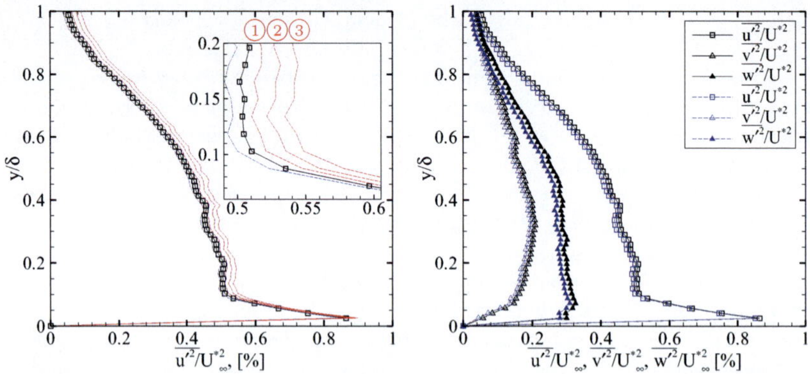

Abbildung 4.4: Abschätzung des Rauschanteils in den gemessenen Verläufen der Reynoldschen Normalspannungen $\overline{u'^2}$, $\overline{v'^2}$ und $\overline{w'^2}$ für den Fall ohne Scheibendrehung (Messposition P2, $Re_x = 1.07 \cdot 10^6$, $U_\infty = 27.8\,\text{m/s}$): — Messwerte, - - - einfache (Verlauf ①) bzw. zwei- und dreifache (Verläufe ② und ③) Überlagerung der Messwerte mit einem künstlichen Rauschsignal, - - - Abschätzung der rauschfreien Normalspannungsverteilungen.

komponenten in der Messebene u und v (vgl. Kapitel 3.1.4) der größte absolute Rauschanteil. Dieses Ergebnis ist konsistent zu den Verläufen in Abbildung 4.3, bei denen sich mit sinkender Auswertefenstergröße und folglich abnehmendem Signal-zu-Rausch-Verhältnis für die $\overline{w'^2}$-Verteilung ebenfalls die größte Verschiebung beobachten lässt. In einem Wandabstand von $y/\delta \approx 0.2$ beträgt der über das beschriebene Verfahren ermittelte Rauschanteil etwa 1.7% für $\overline{u'^2}$, 6.0% für $\overline{v'^2}$ und 6.2% für $\overline{w'^2}$. Ab einem Wandabstand von etwa $y/\delta \approx 0.6$ steigt der relative Rauschanteil deutlich an und liegt für $y/\delta \approx 0.8$ zwischen 6.5% ($\overline{u'^2}$) und 18.2% ($\overline{w'^2}$). Die durchgeführten Abschätzungen zeigen, dass sich die gegenläufigen Effekte infolge des Messrauschens und der limitierten Auflösung kleiner Turbulenzstrukturen im wandnahen Bereich teilweise kompensieren und die gemessenen Werte – für die gewählte Fenstergröße von $32 \times 32\,\text{px}^2$ – daher etwa auf dem Niveau der tatsächlichen Verläufe der Schwankungsgrößen liegen. Für $y/\delta \geq 0.6$ sind die Messwerte aufgrund des deutlich ansteigendem Rauschanteils dagegen als zu hoch einzustufen.

In den bisherigen Ausführungen wurde vereinfacht angenommen, dass die räumliche Auflösung in der Messebene (x-/y-Richtung) lediglich von der Größe des Auswertefensters abhängt. In der Realität wird nicht nur die Auflösung in z-Richtung, sondern auch in x-/y-Richtung von der Dicke des Lichtschnitts beeinflusst, da die Kameras üblicherweise unter einem Winkel von $\pm 45\,°$ zur Lichtschnittebene orientiert sind. Wird eine hohe räumliche Auflösung benötigt, sollte die Lichtschnittdicke daher möglichst soweit reduziert werden, dass die Seitenlänge des Auswertefensters nicht überschritten wird (Raffel et al. 2007). Andernfalls reduziert sich die Größe des von beiden Kameras gesehenen effektiven Messvolumens soweit, dass die resultierenden Ergebnisse als fragwürdig einzustufen sind. Im vorliegenden Fall wurde eine Lichtschnittdicke von etwa 0.5 mm gewählt, die somit deutlich unterhalb der Seitenlänge des Auswertefensters von 32 px $\approx$ 0.66 mm liegt. Wie bereits in Kapitel 3.1.4 erwähnt, muss zusätzlich sichergestellt sein, dass sich zu beiden aufeinander folgenden Aufnahmezeitpunkten noch mindestens 75% der ursprünglichen Partikel im Lichtschnitt befinden. Nimmt man als Grenzwertabschätzung für die Geschwindigkeitskomponenten in z-Richtung die Umfangsgeschwindigkeit der Scheibe ($n = 870\,\mathrm{min}^{-1}$, siehe Abschnitt 4.1.3) an, so ergibt sich bei einer Zeitdifferenz zwischen den Laserpulsen von $\Delta t = 4.4\,\mu\mathrm{s}$ eine Partikelbildverschiebung von ca. 2.9 px und folglich eine minimal notwendige Lichtschnittdicke von 0.24 mm.

Abschließend soll überprüft werden, ob der zulässige Geschwindigkeitsgradient innerhalb des Auswertefensters bei der gewählten Fenstergröße überschritten wird. Die im Rahmen der Messfehlerabschätzung (Kapitel 3.1.4) getroffene Annahme eines Korrelationsfehlers von 0.1 px erfordert neben den bereits diskutierten Bedingungen, dass der normierte Geschwindigkeitsgradient $M\,|\Delta u|\,{}^{\Delta t}/_{d_\tau}$ weitestgehend ein Wert von ≤ 0.5 annimmt. Eine Abschätzung auf Basis des logarithmischen Wandgesetzes zeigt, dass die Bedingung im wandnächsten Messfenster (Y_{MF} = 0–32 px) mit $M\,|\Delta u|\,{}^{\Delta t}/_{d_\tau} \approx 1.56$ noch nicht eingehalten wird, aber bereits im darüber liegenden Messfenster (Y_{MF} = 8–40 px) mit einem Wert von ca. 0.21 deutlich unterschritten wird.

Wie bereits in Abschnitt 3.1.3 gezeigt wurde, ergeben sich für die durchgeführten SPIV-Messungen an einer beheizten Scheibenoberfläche leicht veränderte Randbedingungen, die eine Anpassung der Auswerteparamter erfordern. Das durch die Temperaturgrenzschicht hervorgerufene Brechungsindexfeld führt zu optischen Abbildungsfehlern, die in einem erhöhten Partikelbilddurchmesser und einer abnehmenden Partikelbilddichte resultieren. Um sicherzustellen, dass die benötigte Anzahl von Partikelbildern im Auswertefenster ($N_I \geq 10$) auch für die Messungen an der beheizten Wand erreicht wird, wurde die Fenstergröße daher auf $64 \times 64\,\mathrm{px}^2$ (75% OV) erhöht. Auf eine Auswertung der turbulenten Schwankungsgrößen wurde für die Messungen an der beheizten Scheibe verzichtet, da die entsprechenden Werte – durch die veränderte Fenstergröße und den geringfügig erhöhten Messfehler – nur bedingt aussagekräftig sind.

Für die Auswertung der μ-PIV-Messungen wurde im Gegensatz zu den SPIV-Messungen die Software *PIVview 2.3* der Firma *PIVTEC* eingesetzt. Diese Software bietet den Vorteil, dass sich die Breite und Höhe des Auswertefensters getrennt wählen lassen. Aufgrund des geringen Geschwindigkeitsgradienten in Strömungsrichtung konnten daher längliche Fenster der Größe $256 \times 16\,\mathrm{px}^2$ verwendet werden, mit denen sich die für die Ermittlung der Wandschubspannung benötigte hohe Auflösung in wandnormaler Richtung erzielen lässt. Durch 50%-

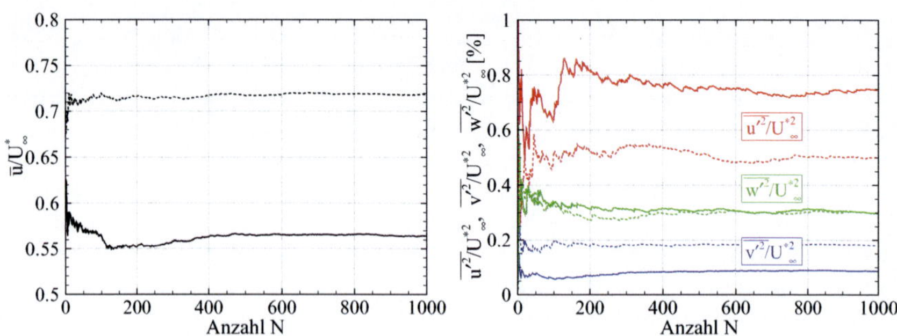

Abbildung 4.5: Mittlere Geschwindigkeitskomponente $\overline{u}$ und Reynoldsche Normalspannungen $\overline{u'^2}$, $\overline{v'^2}$ und $\overline{w'^2}$ in Abhängigkeit der Anzahl von Doppelbildern bzw. Vektorfeldern N. SPIV-Messungen an einer ebenen Plattengrenzschicht für den Fall ohne Scheibendrehung (Messposition P2, $Re_x = 1.07 \cdot 10^6$, $U_\infty = 27.8\,\mathrm{m/s}$): — $y/\delta \approx 0.05$, - - - $y/\delta \approx 0.2$.

Überlappung der Auswertefenster konnte somit ein Vektorabstand von $0.610\,\mathrm{mm} \times 0.038\,\mathrm{mm}^2$ realisiert werden.

Für alle durchgeführten Messungen wurden jeweils 1000 zeitlich unabhängige Doppelbilder aufgezeichnet. Nach Berechnung der Vektorfelder mit *DaVis* bzw. *PIVview* wurden unter Verwendung von *Matlab* die mittleren Geschwindigkeitsfelder sowie die Verteilungen der turbulenten kinetischen Energie und der Reynoldschen Normalspannungen bestimmt. Um bewerten zu können, ob mit der gewählten Anzahl N von Doppelbildern bzw. Vektorfeldern aussagekräftige statistische Strömungsgrößen ermittelt werden können, wurden exemplarisch die mittlere Geschwindigkeitskomponente $\overline{u}$ und die Reynoldschen Normalspannungen $\overline{u'^2}$, $\overline{v'^2}$ und $\overline{w'^2}$ für zwei unterschiedliche Wandabstände in Abhängigkeit von N berechnet, vgl. Abbildung 4.5. Während die mittlere Geschwindigkeit $\overline{u}$ bereits ab $N \geq 500$ auf einen konstanten Wert konvergiert, zeigt sich für die Normalspannungen größtenteils erst ab ca. 800 Doppelbildern ein nahezu konstantes Niveau. Zudem lässt sich deutlich erkennen, dass die verbleibenden Restunsicherheiten erwartungsgemäß für hohe Normalspannungskomponenten zunehmen. Die Kurve für $\overline{u'^2}$ ($y/\delta \approx 0.05$) stellt somit einen Extremfall dar, da sich der gewählte Wandabstand in der Nähe des Maximums von $\overline{u'^2}$ befindet. Aus den Ergebnissen lässt sich ableiten, dass für eine zuverlässige Ermittlung der Schwankungsgrößen in einer turbulenten Grenzschicht ein Wert von $N \geq 800$ anzustreben ist.

Alle für die SPIV-Messungen relevanten Versuchs- und Auswerteparameter sind noch einmal detailliert in Tabelle 4.1 zusammengefasst. Die aufgeführten Messfehler wurden auf Basis der Gleichungen (3.11) und (3.13) berechnet und beziehen sich auf die in der Tabelle angegebenen maximalen Partikelbildverschiebungen. Der resultierende statistische Messfehler liegt für die Messfenster

Parameter		$\overline{T}_{W,S} \approx 20\,°C$	$\overline{T}_{W,S} \approx 200\,°C$
Seeding	Typ	Pflanzenöl	
	Durchmesser	$1\,\mu m$	
	Generator	Zerstäuber mit 12-Loch-Düse	
Lichtschnitt	Lasertyp	Nd:YAG (*Quantel Brilliant*)	
	max. Pulsenergie	167 mJ	
	Wellenlänge	532 nm	
	Pulslänge	4.2 ns	
	Lichtschnittdicke	≈ 0.5 mm	
Kamera	Typ	gekühlter CCD-Chip (*PCO Sensicam*)	
	Auflösung	1280×1024 px	
	Pixelgröße	$6.7\,\mu m^2$	
	Bildfrequenz	8 Hz	
	Datentiefe	12 bit	
Objektiv	Abbildung	1:1 Makro-Objektiv (*Tamron SP AF 180mm F/3.5 Di LD*)	
	Brennweite	180 mm	
	Tele-Converter	*Tamron-F AF* 2×	
Aufnahme	Sichtfeld $x \times y$	$\approx 26.5 \times 20\,mm^2$	
	Abbildungsmaßstab	48.5 px/mm	
	Δt Laserpuls 1–2	$4.2 \pm 0.0008\,\mu s$	
	Bildanzahl	1000	
	Kamerawinkel θ_1/θ_2	40 ° /40 °	
	Blendenzahl	3.5/5.6	
Kalibrierung	Kalibrierplatte	3D	
	Verfahren	Lochkamera-Modell	
	RMS	< 0.4 px	
Disparität-korrektur	Fenstergröße	128×128 px	
	Überlappung	50%	
	Korrelationsmodus	Summierung der Korrelationen†	
	Bildanzahl	100	
PIV-Auswertung	Auswerteverfahren	Mehrfach-Gitter/Durchgangs-Algorithmus mit adaptiver Auswertefenster-Deformation (*DaVis 7.1, LaVision*)	
	Endfenstergröße	32×32 px	64×64 px
	Überlappung	75%	75%
	Vektorabstand	$0.165 \times 0.165\,mm^2$	$0.33 \times 0.33\,mm^2$
	Verschiebungen‡ $\Delta\lvert\overline{X}\rvert/\lvert\overline{Y}\rvert/\lvert\overline{Z}\rvert$	$\approx 6.3/0/2.9$ px	$\approx 6.3/0/2.9$ px
Messunsicherheit $\overline{u}/\overline{v}/\overline{w}$		±0.17/-/1.18%	±0.19/-/1.20%

†maximale Partikelbildverschiebungen in den gemittelten Feldern z1–z4
‡englisch: sum of correlation

Tabelle 4.1: Übersicht der experimentellen Parameter für die SPIV Messungen am generischen Bremsscheibenmodell (Messfenster z1–z4) für unterschiedliche Scheibentemperaturen $\overline{T}_{W,S}$.

z1–z4 bei ±0.17% (Geschwindigkeitskomponente $\overline{u}$) bzw. ±1.18% (Geschwindigkeitskomponente $\overline{w}$) und erhöht sich für die Messungen an der beheizten Wand (Wandtemperatur $\overline{T}_{W,S} \approx 200\,^\circ C$) auf ±0.19% bzw. ±1.20%. Für die durchgeführten μ-PIV-Messungen ergibt sich nach Gleichung (3.9) bei einer maximalen Partikelbildverschiebung von $\Delta\overline{X} \approx 15.1\,\text{px}$ für die Komponente $\overline{u}$ ein Messfehler von ±0.08%.

4.1.2 Infrarot- und Heizleistungsmessungen

Messaufbau und -parameter

Für die Temperaturmessungen wurde ein *Indigo Phoenix*-Infrarotkamerasystem mit *DAS*†-Elektronik eingesetzt, welches eine Auflösung von $320 \times 256\,\text{px}^2$ und eine maximale Aufnahmefrequenz von 345 Hz (Vollbildmodus) besitzt. Die 14 bit-Kamera ist mit einem Stirling-gekühlten Indium-Antimonid-Sensor (InSb) ausgestattet und misst unter Berücksichtigung des eingesetzten Filters in einem Wellenlängenbereich von 3–5 μm. Der optische Zugang zum Modell in der Messstrecke wurde über einen Ausschnitt im Deckenelement der Messstrecke realisiert, in den die Kameralinse bündig eingesetzt wurde. Durch diesen Aufbau dient die Linse der Infrarotkamera selber als Fenster zur Messstrecke und macht somit zusätzliche störende Elemente im Strahlengang überflüssig. Für die Messungen wurde ein Objektiv mit einer Brennweite von 25 mm verwendet, mit dem die Bremsscheibe nahezu bildfüllend abgebildet wurde. Mit dem eingesetzten Objektiv ergab sich in der Messebene eine resultierende räumliche Auflösung von ca. $1.28 \times 1.28\,\text{mm}^2$. Zur Mittelung möglicher Temperaturschwankungen und gleichzeitiger Verbesserung des Signal-zu-Rausch-Verhältnisses wurden für jeden Messpunkt 1000 Einzelbilder aufgenommen, aus denen im Anschluss eine zeitlich gemittelte Temperaturverteilung $\overline{T}_W$ bzw. die über die Scheibe gemittelte Temperatur $\overline{T}_{W,S}$ berechnet wurde.

Für eine ausführliche Beschreibung des zur Bestimmung der Heizleistung angewendeten Messaufbaus sei auf Abschnitt 3.3 verwiesen. Um eine möglichst exakte Ermittlung der Heizleistung zu gewährleisten, wurden mit den eingesetzten Digital-Multimetern jeweils 1000 Strom- und Spannungswerte aufgezeichnet, aus denen im Anschluss eine mittlere Heizleistung berechnet wurde.

Generell wurden alle Messungen bei einem stationären thermischen Zustand durchgeführt, bei dem die gemessenen Heizleistungen somit der Gesamtkühlleistung der Scheibe entsprechen. Das Erreichen eines stationären Zustands wurde anhand der in der Deck- und Trägerplatte eingelassenen Temperaturfühler überprüft (${}^{dT_W}/{}_{dt} \to 0$). Abhängig vom Messpunkt lag die Zeit bis zum Einpendeln eines stationären Zustands etwa zwischen 30 und 40 min.

†High Speed Data Acqusition System

Ermittlung des konvektiven Wärmestroms

Durch Aufstellen der Energiebilanz für den betrachteten stationären thermischen Zustand lässt sich aus dem an der Heizfolie abgegeben Wärmestrom $\dot{Q}_H$[†] die für den Wärmeübergang entscheidende konvektive Wärmestromdichte $\dot{q}_W^{(K)}$ berechnen. Diese ergibt sich unter Berücksichtigung der thermischen Verluste durch Wärmestrahlung $\dot{q}_W^{(S)}$ und Wärmeleitung $\dot{q}^{(L)}$ durch die Isolation zu:

$$\dot{q}_W^{(K)} = \dot{q}_H - \dot{q}_W^{(S)} - \dot{q}^{(L)} \quad \text{mit} \quad \dot{q}_H = \frac{\dot{Q}_H}{A_S} \tag{4.2}$$

Setzt man die konvektive Wärmestromdichte nun ins Verhältnis zur treibenden Temperaturdifferenz ergibt sich als Maß für die Qualität des Wärmeübergangs der Wärmeübergangskoeffizient α_W an der Wand:

$$\alpha_W = \frac{\dot{q}_W^{(K)}}{T_W - T_\infty} \tag{4.3}$$

Die Größe T_∞ entspricht dabei der statischen Temperatur in der Messstrecke, die über

$$T_\infty = T_{ges} - \frac{U_\infty^2}{2c_p} \tag{4.4}$$

aus der in der Vorkammer gemessenen Gesamttemperatur T_{ges} ermittelt wurde (Baehr und Stephan 1998). Für die Berechnung der thermischen Verluste durch Wärmestrahlung muss theoretisch der Strahlungsaustausch mit anderen Festkörper-Oberflächen – durch Berechnung von Sichtfaktoren und diskreten Strahlungspfaden – berücksichtigt werden. Die unter Umständen sehr aufwendige Berechnung vereinfacht sich für den Fall einer Fläche 1 (Bremsscheibenmodell), die von einer Fläche 2 vollständig umschlossen wird (Messstrecke). Gilt nun entweder für das Flächenverhältnis $A_1/A_2 \to 0$ oder für den Emissionskoeffizienten $\epsilon_2 = 1$ lässt sich die von der Fläche 1 ausgehende Wärmestromdichte vereinfacht über

$$\dot{q}_W^{(S)} = \epsilon_1 \sigma \left(T_W^4 - T_\infty^4\right) \tag{4.5}$$

ermitteln. Beide Bedingungen sind für den vorliegenden Fall in guter Näherung erfüllt ($\epsilon_2 \approx 0.9$, Messstreckenwände aus Multiplex), so dass sich die thermischen Verluste entsprechend über obige Beziehung berechnen lassen. Für den Emissionskoeffizienten ϵ_1 wird dabei der experimentell ermittelte Wert des verwendeten mattschwarzen Lacks eingesetzt, vgl. Kapitel 3.2.2.

Zur Berechnung der Verluste durch Wärmeleitung wird vereinfacht von geometrisch eindimensionaler Wärmeleitung ausgegangen, d.h. die Wärme strömt nur in senkrechter Richtung (y-Richtung) zur Scheibenoberfläche. Der durch die

[†] entspricht der mittleren elektrischen Heizleistung $\overline{P}_H$

treibende Temperaturdifferenz zwischen Heizfolie und Unterseite der Trägerplatte entstehende Wärmestrom lässt sich nun über das *Fouriersche Wärmeleitungsgesetz* berechnen. Nach Fourier ergibt sich der Verlustwärmestrom durch die drei Schichten j – Isolation der Heizfolie, Keramikpapier und Trägerplatte – zu:

$$\dot{Q}^{(L)} = -\lambda_j A_S \frac{dT_j}{dy_j} = \lambda_j A_S \frac{\Delta T_j}{b_j} = \frac{\Delta T_j}{R_{\lambda,j}} \tag{4.6}$$

Dabei bezeichnet λ_j die als konstant angenommene Wärmeleitfähigkeit und b_j die Dicke der jeweiligen Schicht. Durch Summierung der einzelnen Wärmeleitwiderstände $R_{\lambda,j}$ lässt sich die gesuchte Wärmestromdichte schließlich über

$$\dot{q}^{(L)} = \frac{T_{Folie} - T_{W,unten}}{R_{\lambda,ges} A_S} \tag{4.7}$$

berechnen. Die Temperatur an der Heizfolie T_{Folie} wurde dabei nicht direkt gemessen, sondern nachträglich auf Basis der Oberflächentemperatur der Scheibe T_W und der abgegebenen Gesamtwärmestromdichte $\dot{q}_H$ über das Wärmeleitungsgesetz berechnet. Durch die geringe Dicke der Deckscheibe und die hohe Wärmeleitfähigkeit des Stahls fallen die resultierenden Temperaturdifferenzen zur Oberfläche jedoch sehr gering aus ($T_{Folie} - T_W \leq 2.5\,°\mathrm{C}$). Die Temperatur auf der Unterseite $T_{W,unten}$ wurde dagegen direkt mit Hilfe der in der Trägerplatte eingelassenen Pt1000-Temperatursensoren bestimmt. Die zur Berechnung des Wärmestroms benötigten Wärmeleitfähigkeiten der einzelnen Schichten sind in Tabelle A.1 aufgeführt, siehe Anhang A.2. Da die für den Verlustwärmestrom maßgebliche Wärmeleitfähigkeit des Keramikpapiers vom Hersteller nicht bereitgestellt werden konnte, wurde diese vom *Bayerischen Zentrum für Angewandte Energieforschung* für unterschiedliche Temperaturen experimentell ermittelt (Drach 2006). Die Werte zeigen, dass die der Berechnung zugrunde liegende Annahme konstanter Wärmeleitfähigkeiten für das Keramikpapier zulässig ist.

Die mit Hilfe der Gleichungen (4.5) und (4.7) berechneten thermischen Verluste sind in Tabelle 4.2 exemplarisch für eine Anströmgeschwindigkeit von $U_\infty = 27.8\,\mathrm{m/s}$ in Abhängigkeit der mittleren Wandtemperatur aufgeführt. Es zeigt sich, dass der Anteil der Wärmeleitung nahezu konstant im Bereich von 3.5% liegt, während der Anteil der Wärmestrahlung deutlich höhere Werte zwischen 7.1 und

$\overline{T}_{W,S}$	**Konvektion**		**Wärmestrahlung**		**Wärmeleitung**	
[°C]	[kW/m²]	[%]	[kW/m²]	[%]	[kW/m²]	[%]
100	8.204	89.2	0.651	7.1	0.335	3.7
200	17.290	85.9	2.131	10.6	0.709	3.5
275	25.027	82.7	4.230	14.0	0.986	3.3

Tabelle 4.2: Anteile von Konvektion, Wärmestrahlung und Wärmeleitung an der Gesamtwärmestromdichte in Abhängigkeit der mittleren Scheibentemperatur $\overline{T}_{W,S}$ für den Fall ohne Scheibendrehung ($U_\infty = 27.8\,\mathrm{m/s}$, $n = 0\,\mathrm{min^{-1}}$).

14.0% annimmt und dabei aufgrund von $\dot{q}_W^{(S)} \sim \left(T_W^4 - T_\infty^4\right)$ erwartungsgemäß mit der Temperatur ansteigt. Die vergleichsweise hohen Verluste durch Wärmestrahlung resultieren maßgeblich aus dem hohen Emissionskoeffizienten von $\epsilon_1 = 0.91$ des eingesetzten mattschwarzen Lacks. Der hohe ϵ-Wert ist jedoch für die Durchführung hochgenauer Temperaturmessungen mit einem Infrarotkamerasystem zwingend erforderlich, so dass der nachteilige Effekt auf die Strahlungsverluste akzeptiert werden muss. Die Emissivität realer Grauguss-Bremsscheiben liegt je nach Oberflächenzustand im Bereich von 0.21 (poliert) bis 0.94 (unbearbeitet).

4.1.3 Versuchsparameter

Die für die Messungen verwendeten Versuchsparameter sind in Tabelle 4.3 zusammengestellt. Alle PIV-Messungen wurden grundsätzlich bei einer freien Anströmgeschwindigkeit von $U_\infty = 100\,\mathrm{km/h} \approx 27.8\,\mathrm{m/s}$ durchgeführt. Dabei wurde sowohl der Fall einer ebenen Plattenströmung *ohne Scheibendrehung* ($n = 0\,\mathrm{min^{-1}}$) als auch eine überlagerte Grenzschichtströmung *mit Scheibendrehung* ($n = 870\,\mathrm{min^{-1}}$) untersucht. Um möglichst realitätsnahe Bedingungen zu erzeugen, ist die Drehzahl der Scheibe mit der Anströmgeschwindigkeit über $\pi n D_S / U_\infty = 0.5$ verknüpft. Dieser Kopplung liegt die Annahme zugrunde, dass der Außendurchmesser der Bremsscheibe – in guter Näherung zu realen Bremsanlagen – dem halben Raddurchmesser entspricht.

Zur Analyse des Einflusses einer beheizten Scheibenoberfläche auf die Grenzschichtströmung wurden ferner SPIV-Messungen bei einer erhöhten Wandtemperatur durchgeführt. Die Untersuchungen mit beheizter Wand erfolgten jeweils mit einer – nach Herstellerangaben – über die Scheibe konstanten Wärmestromdichte $\dot{q}_H$, so dass sich durch die Änderung des lokalen Wärmeübergangskoeffizienten eine ungleichförmige Temperaturverteilung auf der Scheibe ergab. Die angegebene Temperatur von $200\,^\circ\mathrm{C}$ stellt daher einen Richtwert für die mittlere Scheibentemperatur $\overline{T}_{W,S}$ dar, die näherungsweise über die in der Scheibenoberfläche eingelassenen Flachmesswiderstände eingestellt wurde. Die μ-PIV-Messungen dienten der hochaufgelösten Vermessung der Referenzgrenzschicht ohne Scheibendrehung und wurden lediglich bei Umgebungstemperatur durchgeführt.

Für die Wärmeübergangsmessungen (Infrarot- und Heizleistungsmessungen) wurde ein größerer Geschwindigkeitsbereich abgedeckt, um den Einfluss der Anströmgeschwindigkeit auf die erzielte konvektive Kühlung zur erfassen. Die Untersuchungen wurden ebenfalls ohne und mit Scheibendrehung durchgeführt, wobei die Drehzahl der Scheibe entsprechend der beschriebenen Kopplung angepasst wurde. Zur Analyse möglicher Temperatureffekte auf den konvektiven Wärmeübergang wurde die Messung der Temperaturverteilung und Heizleistung jeweils für unterschiedliche mittlere Wandtemperaturen durchgeführt. Bei den in der

Mess-technik	U_∞ [m/s]	n [min^{-1}]	Re_L † [-]	Re_ω ‡ [-]	$\overline{T}_{W,S}$ § [°C]
SPIV	27.8	0, 870	$1.62 \cdot 10^6$	$0, 1.38 \cdot 10^5$	20, 200
μ-PIV	27.8	0	$1.62 \cdot 10^6$	0	20
IR	13.9	0, 435	$0.81 \cdot 10^6$	$0, 0.69 \cdot 10^5$	100, 150, 200, 250, 300
IR	27.8	0, 870	$1.62 \cdot 10^6$	$0, 1.38 \cdot 10^5$	100, 150, 200, 250, 275
IR	41.7	0, 1305	$2.43 \cdot 10^6$	$0, 2.07 \cdot 10^5$	100, 150, 200, 225
IR	55.6	0, 1741	$3.23 \cdot 10^6$	$0, 2.76 \cdot 10^5$	100, 150, 200

† Reynolds-Zahl gebildet mit U_∞^* und der Länge $L = 827.4\,\text{mm}$ zwischen Vorderkante der ebenen Platte und Hinterkante der Scheibe

‡ Reynolds-Zahl für eine in ruhender Umgebung rotierende Scheibe, $Re_\omega = \omega R_S^2/\nu$

§ die realen Temperaturen weichen um max. $\pm 5\,°\text{C}$ von den angegebenen Richtwerten ab

Tabelle 4.3: Versuchsparameter für die Messungen am generischen Bremsscheibenmodell.

Tabelle angegebenen Werten handelt es sich wie erwähnt um Richttemperaturen. Die exakten, über die Scheibenfläche gemittelten Wandtemperaturen wurden nachträglich aus den Infrarotbildern ermittelt. Aufgrund der mit der Anströmgeschwindigkeit zunehmenden Wärmeabfuhr reduziert sich die mit der eingesetzten Heizfolie erreichbare, maximale Wandtemperatur für höhere Geschwindigkeiten.

Die in Tabelle 4.3 aufgeführte Reynolds-Zahl Re_ω bezieht sich auf eine in ruhender Umgebung rotierende Scheibe. Diese ist für alle Scheibendrehzahlen kleiner oder gleich der von Gregory et al. (1955) ermittelten kritischen Reynolds-Zahl von $Re_{\omega,krit} = 2.8 \cdot 10^5$. Ohne zusätzliche Anströmung würde sich damit für alle Fälle auf der gesamten Scheibe eine laminare Strömung einstellen.

4.2 Strömungsfeld an der Scheibe

4.2.1 Strömungsfeld ohne Wärmeübergang

Vermessung der Referenzgrenzschicht

Die Grenzschicht auf der Scheibe wurde zunächst für den Referenzfall ohne Scheibendrehung unter Verwendung von μ-PIV mit einer hohen räumlichen Auflösung vermessen. Anhand der Messergebnisse wird zum einen kontrolliert, ob auf der Scheibe eine voll ausgebildete turbulente Grenzschicht vorliegt. Dies ist eine wesentliche Voraussetzung für die Verwendung der Messergebnisse zur Validierung der von Körner (2009) durchgeführten numerischen Simulationen. Zum anderen wird überprüft, ob die notwendige Bedingung von hydraulisch bzw. thermisch glatten Oberflächen auf der ebenen Platte und der Scheibe erfüllt wird. Eine erhöhte Wandrauheit (Rauheitselemente ragen aus der laminaren Unterschicht heraus, $k_s^+ = k_s u_\tau/\nu > 5$) führt zu einer erheblichen Zunahme der konvektiven Wärmeübertragung, da die von den Rauheitselementen generierten Wirbel den

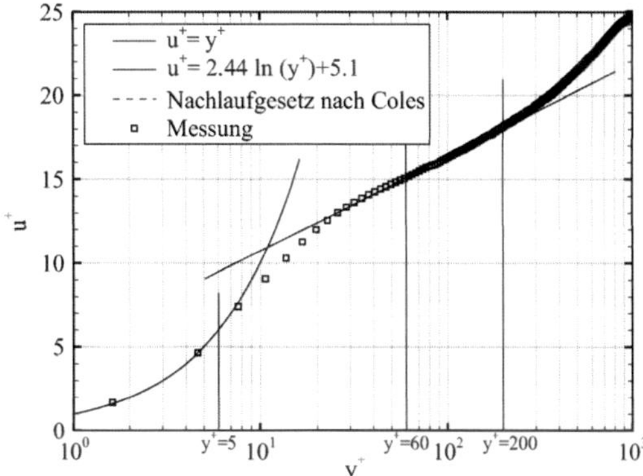

Abbildung 4.6: Mit μ-PIV gemessene, universelle Verteilung von $u^+(y^+)$ in der Wandschicht für den Fall ohne Scheibendrehung (Position P0, $Re_x = 1.33 \cdot 10^6$).

Wärmeabtransport von der Wand verbessern (Schlichting und Gersten 1965). In der Folge würde es zu einer entsprechenden Verfälschung der Wärmeübergangsmessungen kommen.

Abbildung 4.6 zeigt das in Wandschicht-Variablen aufgetragene turbulente Geschwindigkeitsprofil in der Plattenmitte (Position P0, vgl. Abbildung 4.2). Die zur Normierung verwendete Wandschubspannung wurde aus den Messpunkten in der laminaren Unterschicht zu $\tau_W = 1.75\,\mathrm{N/m^2}$ bestimmt. Diese liegt geringfügig unterhalb des über den empirischen Zusammenhang von Schultz-Grunow (1941) zu $1.85\,\mathrm{N/m^2}$ ermittelten Wertes. Für die Berechnung wurde dabei eine idealisierte turbulente Grenzschicht mit einem virtuellen Anlaufpunkt an der Position der Transitionsfixierung angenommen. Grundsätzlich lässt sich feststellen, dass die gemessene Geschwindigkeitsverteilung eine sehr gute Übereinstimmung mit dem universellen Wandgesetz $u^+ = \kappa^{-1} \ln y^+ + C^+$ zeigt und folglich eine voll ausgebildete turbulente Grenzschicht vorliegt. Die verwendeten Konstanten $\kappa = 0.41$ und $C^+ = 5.1$ wurden dabei auf Basis der von Buschmann und el Hak (2003) zusammengestellten Messergebnisse und unter Berücksichtigung der mit der Impulsverlustdicke gebildeten Reynolds-Zahl von $Re_\theta = 3025$ ermittelt. Für raue Oberflächen würde sich eine deutliche Abnahme der Konstanten C^+ ($k_s^+ = 10 \rightarrow C^+ \approx 4.5$ nach Herwig (2002)) ergeben, so dass sich die Gerade in Abbildung 4.6 entsprechend parallel nach unten verschieben würde. Die Ergebnisse lassen daher den Schluss zu, dass an der Wand von ebener Platte und Scheibe – aufgrund von $C^+ \approx 5.1$ – hydraulisch glatte Oberflächen vorliegen.

Geschwindigkeitsprofile an der Scheibe

Die aus den SPIV-Messungen ermittelten Geschwindigkeitsverteilungen der Komponenten $\overline{u}$ und $\overline{w}$ an den Positionen P1–P4 sind in Abbildung 4.7 für den Fall mit Scheibendrehung dargestellt. Zusätzlich ist zum Vergleich jeweils das Ge-

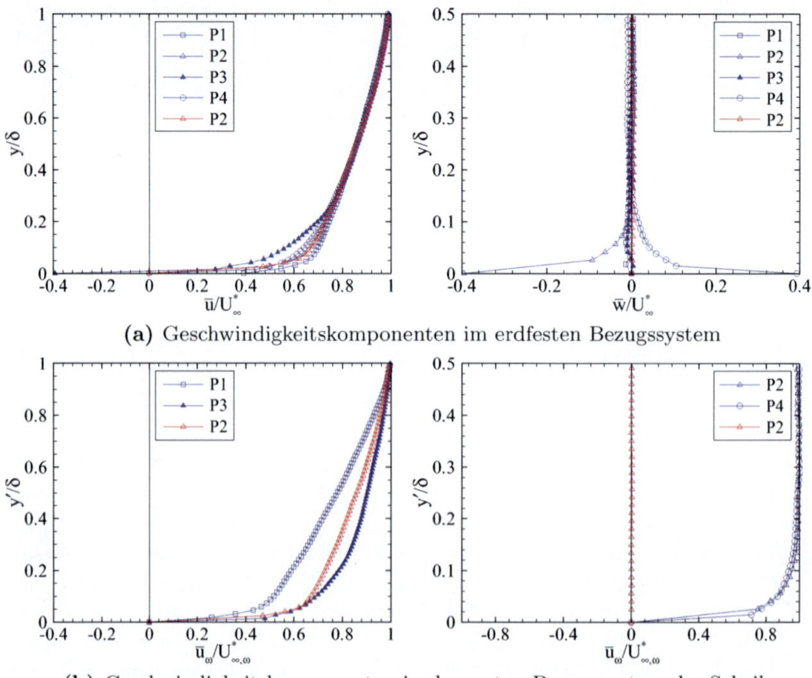

Abbildung 4.7: Mittlere Geschwindigkeitsprofile der Komponenten $\overline{u}$ und $\overline{w}$ für die Positionen P1–P4 im erdfesten Koordinatensystem (oben) und im mitdrehenden Bezugssystem der Scheibe (unten): — ohne Scheibendrehung, — mit Scheibendrehung.

schwindigkeitsprofil ohne Scheibendrehung für die Position P2 abgebildet.

An den Messpositionen P1 und P3 stehen die Vektoren der Anströmgeschwindigkeit und der Umfangsgeschwindigkeit der Scheibe jeweils parallel zueinander und zeigen in dieselbe (P1) bzw. die entgegengesetzte Richtung (P3). Im erdfesten Koordinatensystem ergibt sich daher bei $y = 0\,\text{mm}$ für die $\overline{u}$-Komponente aufgrund der Haftbedingung die positive (P1) bzw. die negative Scheibengeschwindigkeit (P3), siehe linke Abbildung in 4.7a. Die infolge der Scheibendrehung induzierte Umfangskomponente führt im wandnahen Bereich der Grenzschicht im Vergleich zum Fall ohne Scheibendrehung zu einer ausgeprägten Deformation des Geschwindigkeitsprofils in Form einer beschleunigten (P1) bzw. verzögerten Strömung (P3). Der Einfluss der Scheibendrehung ist dabei auf den Bereich $^{y}/_{\delta} \leq 0.25$ begrenzt. Ein Vergleich mit der Grenzschichtdicke δ_ω an einer in ruhender Umgebung rotierenden Scheibe zeigt, dass der ermittelte Wandabstand von $y = 0.25\delta$ oberhalb des Wertes für δ_ω liegt. Nach Schlichting und Gersten

(1997) lässt sich die Grenzschichtdicke an einer rotierenden Scheibe für den Fall laminarer Strömung ($Re_\omega \leq 2.8 \cdot 10^5$) über folgenden Zusammenhang

$$\delta_\omega = 5.5\sqrt{\frac{\nu}{\omega}} \tag{4.8}$$

ermitteln. Die Grenzschichtdicke ist dabei vom Radius unabhängig und als der Wandabstand definiert, bei dem die Umfangsgeschwindigkeit auf 1% der Scheibengeschwindigkeit abgefallen ist. Für die vorliegende Drehzahl von $n = 870\,\text{min}^{-1}$ ergibt sich nach Gleichung (4.8) eine Grenzschichtdicke von $\delta_\omega = 2.26\,\text{mm}$ und an den Positionen P1 bzw. P3 ein Grenzschichtdickenverhältnis von ${}^{\delta_\omega}/_{\delta} = 0.18 \leq {}^{y}/_{\delta} = 0.25$ ($\delta \approx 12.5\,\text{mm}$ für P1/P3). Die Interferenz mit der turbulenten Plattengrenzschicht führt somit scheinbar dazu, dass sich der Effekt der Scheibendrehung auf weiter von der Wand entfernte Fluidschichten auswirkt und der Einflussbereich der Umfangskomponente die eigentliche Grenzschichtdicke einer in ruhender Umgebung rotierenden Scheibe überschreitet.

An den Positionen P2 und P4 ergeben sich deutlich veränderte Strömungsbedingungen, da die Vektoren der Anström- und Umfangsgeschwindigkeit hier senkrecht zueinander stehen. Daraus resultiert, dass die in Anströmrichtung zeigende Geschwindigkeitskomponente $\overline{u}$ nur geringfügig durch die Scheibendrehung beeinflusst wird. Die Umfangskomponente führt jetzt zu einer erheblichen Verwindung des Geschwindigkeitsprofils, die sich anhand der quer zur Anströmrichtung orientierten Geschwindigkeitskomponente $\overline{w}$ zeigt, siehe rechte Abbildung in 4.7a. An der Scheibenoberfläche ergibt sich infolge der Haftbedingung wiederum die lokale negative (P2) bzw. positive Scheibengeschwindigkeit (P4). Der Einfluss der Umfangsgeschwindigkeit ist im Gegensatz zu den Messpositionen P1 und P3 bereits bei einem geringeren Wandabstand von ${}^{y}/_{\delta} \leq 0.15$ (P2) bzw. 0.18 (P4) abgeklungen. Dies beruht auf der Tatsache, dass die Umfangsgeschwindigkeit quer zur Anströmung orientiert ist und somit durch den hohen Strömungsimpuls in Hauptströmungsrichtung abgeschwächt wird. Im Bereich von P1 und P3 zeigt die Verteilung von $\overline{w}$ an beiden Positionen geringe negative Geschwindigkeiten, die folglich nicht aus den auf das Fluid wirkenden Zentrifugalkräften resultieren können. Es lässt sich daher ableiten, dass die Verteilung von $\overline{w}$ hier die verbleibende Ablenkung der Anströmung darstellt, die im vorderen Bereich der Scheibe durch die Umfangskomponente der Scheibe hervorgerufen wird.

Für die konvektive Kühlung ist nun entscheidend welche Relativgeschwindigkeit die Bremsscheibe im mitdrehenden Bezugssystem der Scheibe erfährt. Zur Verdeutlichung werden die im erdfesten Koordinatensystem gemessenen Geschwindigkeitsverteilungen daher zusätzlich in das mitbewegte Bezugssystem der Scheibe transformiert. Mit Hilfe des in Abbildung 4.2 definierten Koordinatensystems für das Bezugssystem der Scheibe lässt sich die Geschwindigkeitskomponente in Umfangsrichtung $\overline{u}_\omega$ für die unterschiedlichen Positionen wie folgt berechnen:

$$\overline{u}_\omega = -\overline{u} + \omega r \qquad U^*_{\infty,\omega} = -U^*_\infty + \omega r \qquad \text{für P1} \tag{4.9}$$

$$\overline{u}_\omega = +\overline{w} + \omega r \qquad U^*_{\infty,\omega} = +\omega r \qquad \text{für P2} \tag{4.10}$$

$$\overline{u}_\omega = +\overline{u} + \omega r \qquad U^*_{\infty,\omega} = +U^*_\infty + \omega r \qquad \text{für P3} \tag{4.11}$$

$$\overline{u}_\omega = -\overline{w} + \omega r \qquad U^*_{\infty,\omega} = +\omega r \qquad \text{für P4} \tag{4.12}$$

Dabei bezeichnet $U^*_{\infty,\omega}$ die in Umfangsrichtung zeigende Geschwindigkeitskomponente am Grenzschichtrand, die zur Normierung der Geschwindigkeitsprofile verwendet wird. Die resultierenden Geschwindigkeitsverteilungen im mitbewegten Bezugssystem der Scheibe sind in Abbildung 4.7b für die Positionen P1–P4 dargestellt. Für die Position P1 ergibt sich im Vergleich zum erdfesten Koordinatensystem eine um die Umfangsgeschwindigkeit der Scheibe verzögerte Geschwindigkeitskomponente in x'-Richtung. Dagegen erhöht sich für P3 die Geschwindigkeit entsprechend um die Umfangsgeschwindigkeit, so dass hier im Relativsystem der Scheibe eine stark beschleunigte Strömung vorliegt. Daraus resultierend zeigt sich für die Position P3 eine deutliche Ausbauchung des normierten Geschwindigkeitsprofils, während sich für P1 im Vergleich zum Fall ohne Scheibendrehung eine weniger füllige Geschwindigkeitsverteilung ergibt, siehe linke Abbildung in 4.7b. Als Konsequenz lässt sich feststellen, dass die Geschwindigkeitsgradienten in unmittelbarer Wandnähe bzw. die für den Wärmeübergang wichtige Wandschubspannung τ_W an den betrachteten Positionen deutlich ab- (P1) bzw. zunimmt (P3). An den Messpositionen P2 und P4 ergibt sich für die Komponente in x'-Richtung jeweils ein um die Umfangsgeschwindigkeit erhöhter Geschwindigkeitsbetrag. Im Relativsystem der Scheibe entspricht die Geschwindigkeit am Grenzschichtrand in diesem Bereich daher der positiven Umfangsgeschwindigkeit der Scheibe. Folglich ergibt sich eine zusätzliche Wandschubspannungskomponente in x'-Richtung $\tau_{Wx'} = \mu \left(\partial \overline{u}_\omega / \partial y \right)_W$, die im Bereich der Positionen P2 und P4 zu einer lokalen Erhöhung der Gesamtwandschubspannung $\tau_W = \sqrt{\tau^2_{Wx'} + \tau^2_{Wz'}}$ führt. Der daraus resultierende Effekt auf den Wärmeübergang wird in Kapitel 4.3 näher erläutert.

Die zu den diskutierten Geschwindigkeitsverläufen gehörenden Verteilungen der kinetischen Energie k und der Reynoldschen Normalspannungen $\overline{u'^2}$, $\overline{v'^2}$ und $\overline{w'^2}$ sind in Abbildung 4.8 für die Fälle mit (Positionen P1–P4) und ohne Scheibendrehung (Position P2) dargestellt. Die prinzipiellen Verläufe der Turbulenzgrößen für die ebene Plattengrenzschicht ohne Scheibendrehung entsprechen dabei in guter Näherung den bekannten in der Literatur zu findenden Messergebnissen, siehe beispielsweise Klebanoff (1955) und Townsend (1976). Generell ist beim Vergleich unterschiedlicher Messungen zu berücksichtigen, dass die Verteilungen der turbulenten Schwankungsgrößen nicht vollständig universell sind, sondern eine geringfügige Sensitivität gegenüber der Reynolds-Zahl (gilt insbesondere für $\overline{w'^2}$) als auch der stromauf vorliegenden Strömungsbedingungen (gilt insbesondere für $\overline{v'^2}$) zeigen (Seo et al. 2003). Die Strömungshistorie wird dabei unter anderem durch den Turbulenzgrad der Anströmung, die Anströmge-

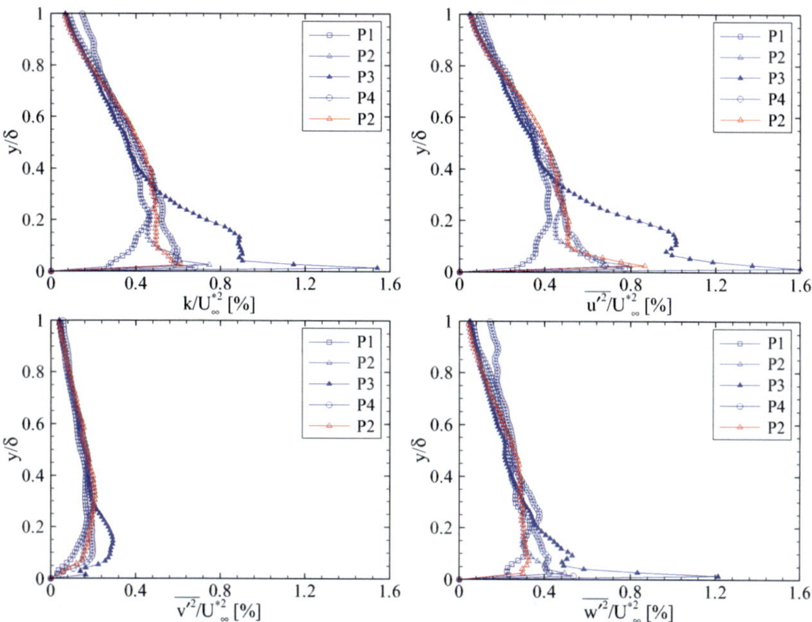

Abbildung 4.8: Verteilungen der turbulenten kinetischen Energie k und der Reynoldschen Normalspannungen $\overline{u'^2}$, $\overline{v'^2}$ und $\overline{w'^2}$ für die Positionen P1–P4: — ohne Scheibendrehung, — mit Scheibendrehung.

schwindigkeit als auch die gewählte Transitionsfixierung beeinflusst. Der von Seo et al. (2003) durchgeführte Vergleich einer Vielzahl von Messungen zeigt, dass die Maxima der Komponenten $\overline{u'^2}/U^*_\infty$ und $\overline{v'^2}/U^*_\infty$ für eine Reynolds-Zahl von $Re_\theta \approx 3000$ ($U_\infty \leq 10\,\mathrm{m/s}$) in einem Bereich von 1.15–1.65% bzw. 0.18–0.25% variieren. Da das Maximum von $\overline{u'^2}$ räumlich stark begrenzt ist, lässt sich die von Seo et al. (2003) festgestellte, deutliche Variation des Maximums von $\overline{u'^2}$ neben dem Einfluss des Messrauschens vor allem auf das jeweilige örtliche Auflösungsvermögen des angewandten Messverfahrens zurückführen. Das Maximum der $\overline{u'^2}$-Verteilung an Position P2 ($Re_\theta = 3025$ für Position P0) für den Fall ohne Scheibendrehung fällt im Vergleich zu den in Seo et al. (2003) dargestellten, höheraufgelösten Messungen mit $\overline{u'^2}/U^*_\infty = 0.87\%$ folglich geringer aus. Dagegen liegt das Maximum von $\overline{v'^2}/U^*_\infty$ mit 0.21% im zu erwartenden Bereich.

Für den Fall mit Scheibendrehung lässt sich an den Positionen P1 und P3 für $y/\delta \leq 0.3$ insbesondere in unmittelbarer Wandnähe ein deutlicher Abfall (P1) bzw. eine massive Zunahme (P3) der turbulenten kinetischen Energie beobachten. Dieser Effekt resultiert aus dem lokal gegenüber dem Fall ohne Scheibendrehung verminderten (P1) bzw. erhöhten Geschwindigkeitsgradienten $d\overline{u}/dy$ (P3), der eine entscheidende Rolle bei der Turbulenzerzeugung spielt. Aus den Bilanzgleichungen der Normalspannungen für eine ebene Plattengrenzschicht ergibt sich ferner, dass die von den Schubkräften aufgebrachte Energie zunächst Turbulenz in Form einer Längsgeschwindigkeits-Fluktuation $\overline{u'^2}$ produziert, bevor Sie aufgrund der Kontinuitätsgleichung auf $\overline{v'^2}$ und $\overline{w'^2}$ übergeht (Gersten und Herwig 1992). Dadurch wird plausibel, dass die erhöhte Turbulenzproduktion an der Position P3 vor allem zu einer deutlichen Zunahme von $\overline{u'^2}$ führt, während der Anstieg von $\overline{v'^2}$ und $\overline{w'^2}$ weniger stark ausgeprägt ist. An den Messpositionen P2 und P4 liegt die turbulente kinetische Energie für den Fall mit Scheibendrehung erwartungsgemäß auf ähnlichem Niveau wie für den stationären Fall ohne Scheibendrehung. Lediglich in unmittelbarer Wandnähe ($y/\delta \leq 0.05$) zeigt sich eine tendenzielle Erhöhung von k, die auf die aus der Umfangsgeschwindigkeit resultierenden Geschwindigkeitsgradienten $d\overline{w}/dy$ zurückzuführen ist. Konsistent zu den Ergebnissen an den Positionen P1 und P3 wird die durch die zusätzlichen Geschwindigkeitsgradienten in der xz-Ebene generierte Turbulenz nun vor allem in der $\overline{w'^2}$-Komponente sichtbar.

Instantane Geschwindigkeitsfelder

Eine Analyse der instantanen Geschwindigkeitsfelder zeigt, dass sich der Anstieg der Reynoldschen Normalspannungen mit zunehmenden Wandgradienten ebenfalls anhand einer Verstärkung der für die Turbulenzproduktion maßgeblich verantwortlichen Strömungsstrukturen zeigt. In Abbildung 4.9 ist zum Vergleich ein typisches Geschwindigkeitsfeld für die ebene Plattengrenzschicht ohne Scheibendrehung (Messfenster z2) sowie für den Fall mit Scheibendrehung (Messfenster z3) dargestellt. Zur Verdeutlichung der Geschwindigkeitsfluktuationen wurde dabei jeweils die lokale mittlere Geschwindigkeit abgezogen. Für die weitere Diskussion der Geschwindigkeitsfelder soll im Folgenden zunächst ein kurzer Einblick in die dominanten kohärenten Strömungsstrukturen der turbulenten Wandgrenzschicht gegeben werden.

Eine Vielzahl von Messungen in der turbulenten Grenzschicht haben gezeigt, dass sich in der laminaren Unterschicht ($y^+ < 10$) in Strömungsrichtung orientierte Strukturen ausbilden, die vergleichsweise langsames Fluid mit sich fördern (*Low-Speed Streaks*). Als zweite Struktur wurden im wandnahen Bereich ($y^+ < 100$) Paare von gegensinnig-rotierenden Längswirbeln nachgewiesen (Robinson 1991). Zwischen den Wirbelfäden wird durch die Wirbelrotation Fluid von der Wand weg gefördert, so dass im wandnahen Bereich aufgrund der Kontinuitätsbedingung Gebiete mit geringer Längsgeschwindigkeit entstehen, die die Entwicklung der erwähnten Streaks begünstigen. Nach Adrian, Meinhart und Tomkins (2000) führt die Rotation der Wirbelfäden dazu, dass sich der Streak in der weiteren Entwicklung aufrichtet und von der Wand entfernt. Dieser Prozess geht einher mit der Bildung von *Hairpin*-Strukturen, spannweitig orientierten

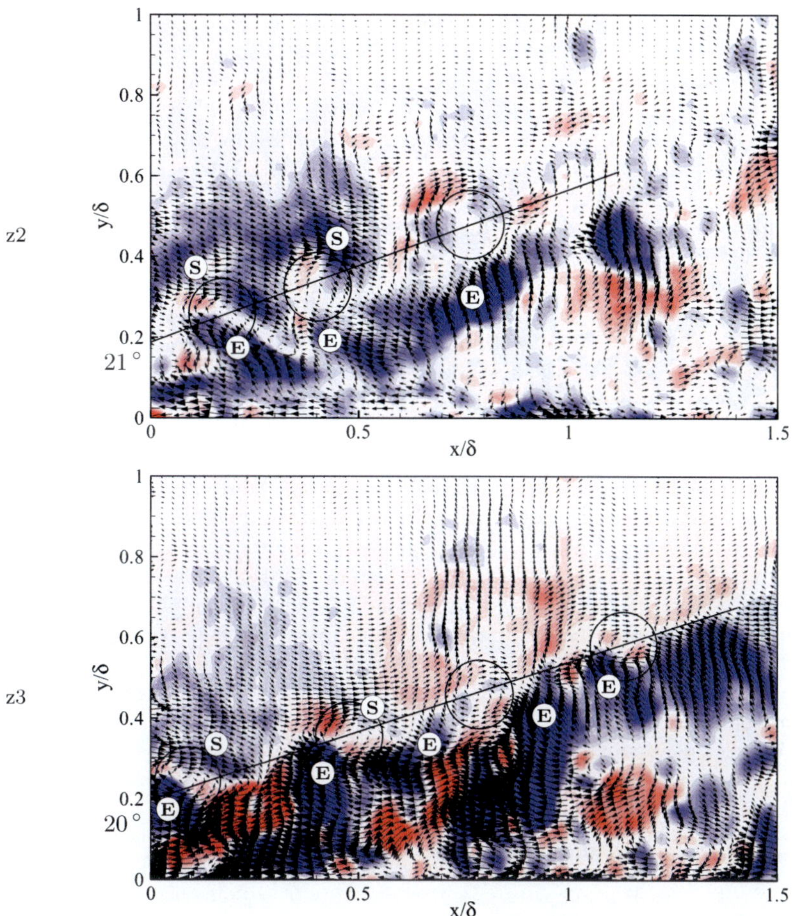

Abbildung 4.9: Geschwindigkeitsfluktuationen und Verteilung der instantanen turbulenten Schubspannung für den Fall ohne Scheibendrehung (oberes Bild, Messfenster z2) bzw. mit Scheibendrehung (unteres Bild, Messfenster z3): ■ $u'v' > 0$, ■ $u'v' < 0$. In x-Richtung ist jeweils nur jeder 2. Vektor dargestellt.

Wirbelfäden, die durch die entstehenden Scherschichten zwischen Bereichen mit langsamen (Streak) und schnellerem Fluid zu einem halboffenen, über dem Streak liegenden Ring gestreckt werden. Der beschriebene Vorgang wird von einem massiven räumlichen Anwachsen der Strömungsstrukturen begleitet. Das Aufrichten des Streaks wird auch als *Ejection* (positive wandnormale Schwankungskomponente $v' > 0$, negative spannweitige Schwankungskomponente $u' < 0$) bezeichnet, da das langsame Fluid im Bereich des Streaks durch die Rotation der Hairpin-Struktur von der Wand weg gefördert wird. Im Folgenden wird der Streak aufgrund der starken Geschwindigkeitsgradienten instabil, beginnt zu oszillieren und zerfällt schließlich (*Bursting*). Die Untersuchungen von Adrian, Christensen und Liu (2000) zeigen, dass sich die Hairpin-Wirbel im äußeren Bereich der Grenzschicht zu Paketen gruppieren, die in einem bestimmten Winkel zur Wand geneigt sind und sich in wandnormaler Richtung bis zu 0.8δ und in Längsrichtung bis zu 2.0δ erstrecken. Vom oberen Bereich der Hairpin-Struktur – dem sogenannten *Wirbelkopf* – wird dabei vergleichsweise schnelles Fluid Richtung Wand gefördert. Dieser als *Sweep* bezeichnete Vorgang ($v' < 0$, $u' > 0$) transportiert das energiereiche Fluid im Folgenden weiter abwärts und formt aufgrund der Rotation der Wirbelköpfe im inneren Bereich der halbkreisförmigen Hairpin-Struktur große Gebiete mit geringer Längsgeschwindigkeit (Große und Schröder 2008).

Anhand der in Abbildung 4.9 dargestellten Geschwindigkeitsfelder lassen sich die entsprechenden Regionen mit verminderter Längsgeschwindigkeit insbesondere für den Fall mit Scheibendrehung deutlich erkennen. Oberhalb dieser Bereiche sind jeweils eine Reihe von – durch einen Kreis gekennzeichneten – Hairpin-Wirbeln beobachtbar, die rampenförmig in einem Winkel von ca. 20 ° bzw. 21 ° zur Wand angeordnet sind. Diese Neigungswinkel zeigen sich in guter Übereinstimmung mit den in der Literatur zu findenden Werten, die im Bereich zwischen 12 ° (Adrian, Meinhart und Tomkins 2000) und 20 ° (Head und Bandyopadhyay 1981) liegen. Die Wirbelpakete erstrecken sich in den dargestellten Beispielen in wandnormaler Richtung über ein Gebiet von etwa 0.6δ. Die gekennzeichneten Wirbelstrukturen stellen dabei den quer zur Hauptströmung ausgerichteten Wirbelkopf der Hairpin-Struktur dar. Im Bereich der Wirbelköpfe lassen sich **E**jections (Ⓔ) erkennen, die vergleichsweise langsames Fluid ($u' < 0$) von der Wand weg fördern ($v' > 0$) und dementsprechend zu Regionen mit negativer turbulenter Schubspannung führen ($u'v' < 0$). Aus Kontinuitätsgründen fördert der obere Teil des Wirbelkopfes energiereiches Fluid in Wandrichtung (**S**weeps, Ⓢ), so dass sich aufgrund von $u' > 0$ und $v' < 0$ ebenfalls Bereiche mit negativer turbulenter Schubspannung ergeben. Ein Blick auf die Energiegleichung für die mittlere Strömungsbewegung macht deutlich, dass negative turbulente Schubspannungen mit positiven Werten des Turbulenz-Produktionsterms einhergehen:

$$\text{Turbulenzproduktion} = -\varrho\overline{u'v'}\frac{d\overline{u}}{dy} \tag{4.13}$$

Daraus lässt sich ableiten, dass Ejections und Sweeps maßgeblich an der Produktion von Turbulenz beteiligt sind. Ein Vergleich der exemplarischen Geschwindigkeitsfelder in Abbildung 4.9 zeigt, dass die erhöhten Geschwindigkeitsgradienten ${}^{d\overline{u}}/{}_{dy}$ für den Fall mit Scheibendrehung insbesondere im wandnahen Bereich zu einer Intensivierung der Bereiche mit negativer turbulenter Schubspannung führen und somit in erhöhter Turbulenzproduktion resultieren. Im dargestellten Beispiel ist die Zunahme der negativen Schubspannung dabei insbesondere auf eine signifikante Verstärkung der Ejection-Strukturen zurückzuführen.

4.2.2 Strömungsfeld mit Wärmeübergang

Geschwindigkeitsprofile an der Scheibe

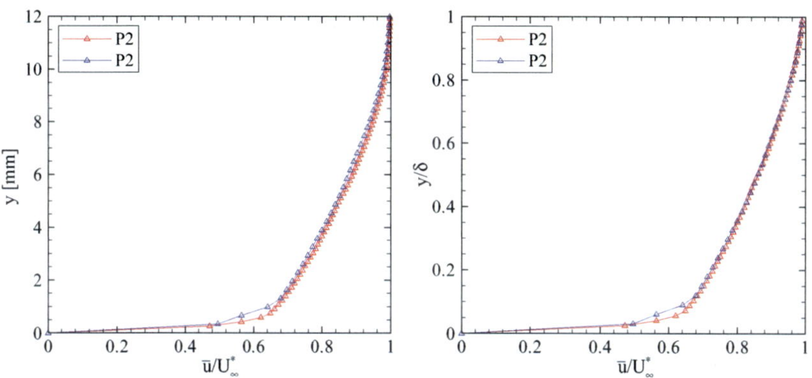

Abbildung 4.10: Temperatureinfluss auf das mittlere Geschwindigkeitsprofil ohne Scheibendrehung (Position P2): — Wandtemperatur $\overline{T}_{W,S} \approx 20\,°\mathrm{C}$ ($\dot{Q}_H = 0\,\mathrm{W}$), — Wandtemperatur $\overline{T}_{W,S} \approx 200\,°\mathrm{C}$ ($\dot{Q}_H = 1469\,\mathrm{W}$).

In diesem Abschnitt soll nun untersucht werden, wie sich das Strömungsfeld – ähnlich zu den Verhältnissen an einer realen Bremsscheibe – infolge einer beheizten Scheibenoberfläche verändert. Zu diesem Zweck wurden zusätzlich zu den bereits diskutierten Ergebnissen für die unbeheizte Wand ($\dot{Q}_H = 0\,\mathrm{W}$, $\overline{T}_{W,S} \approx 20\,°\mathrm{C}$) die Geschwindigkeitsverteilungen bei einer mittleren Wandtemperatur von $\overline{T}_{W,S} \approx 200\,°\mathrm{C}$ vermessen. Abbildung 4.10 zeigt die Geschwindigkeitsprofile an der Position P2 in Abhängigkeit der Wandtemperatur für den Fall ohne Scheibendrehung. Anhand der dimensionsbehafteten Darstellung im linken Bild lässt sich beobachten, dass die Geschwindigkeitsverteilung infolge der beheizten Wand geringfügig in wandnormaler Richtung verschoben wird und somit weniger füllig erscheint. Daraus resultierend sinkt der Geschwindigkeitsgradient $(\partial\overline{u}/\partial y)_W$ an der Wand geringfügig ab. Die Abnahme des Wandgradienten überkompensiert dabei den Anstieg der kinematischen Viskosität, da der Wandreibungsbeiwert c_f nach van Driest (1956) mit steigender Wandtemperatur ebenfalls abnimmt. Durch Normierung mit der Grenzschichtdicke zeigen die Profile größtenteils wieder einen universellen Verlauf, lediglich in unmittelbarer Wandnähe verbleibt für $\overline{T}_{W,S} \approx 200\,°\mathrm{C}$ eine leichte Verschiebung der Geschwin-

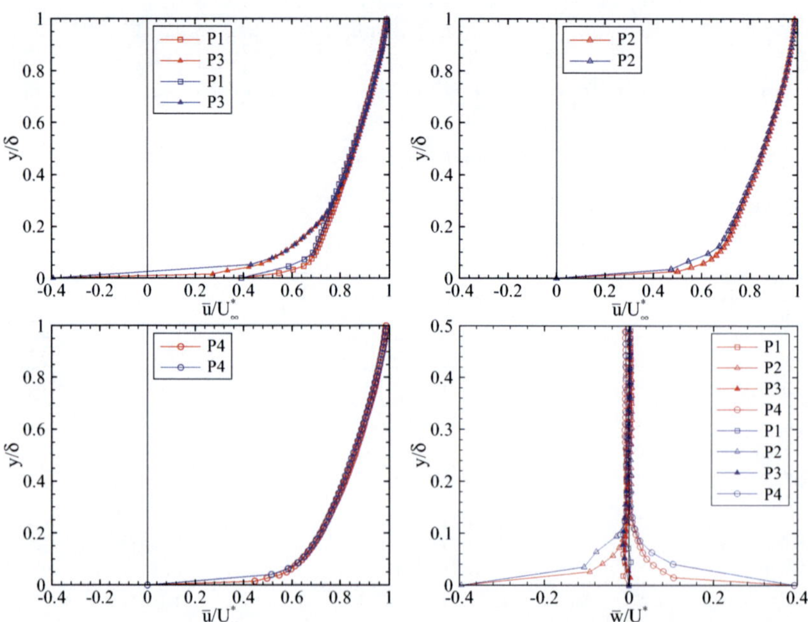

Abbildung 4.11: Temperatureinfluss auf die mittleren Geschwindigkeitsprofile der Komponenten $\overline{u}$ und $\overline{w}$ für den Fall mit Scheibendrehung (Positionen P1–P4): — Wandtemperatur $\overline{T}_{W,S} \approx 20\,°\mathrm{C}$ ($\dot{Q}_H = 0\,\mathrm{W}$), — Wandtemperatur $\overline{T}_{W,S} \approx 200\,°\mathrm{C}$ ($\dot{Q}_H = 1449\,\mathrm{W}$).

digkeitsverteilung in positiver y-Richtung, siehe rechtes Bild in Abbildung 4.10. Der beschriebene Temperatureinfluss bestätigt sich ebenfalls für die Untersuchungen mit Scheibendrehung. Der Vergleich der normierten Geschwindigkeitsverteilungen in Abbildung 4.11 für Wandtemperaturen von $\overline{T}_{W,S} \approx 20\,°\mathrm{C}$ und $200\,°\mathrm{C}$ zeigt, dass der Einfluss der beheizten Wand auf die Geschwindigkeitsverteilungen an den Positionen P1–P4 sehr gering ausfällt und auf den wandnahen Bereich begrenzt bleibt. Die Ergebnisse lassen somit den Schuss zu, dass der Wärmeübergang primär zu einer Verschiebung des dimensionsbehafteten Geschwindigkeitsprofils in wandmormaler Richtung führt, die mit einer Erhöhung der Grenzschichtdicke einhergeht. Die mit der entsprechenden Grenzschichtdicke normierten Verteilungen zeigen dann – abgesehen vom Nahwandbereich – wiederum einen größtenteils universellen Charakter. Die festgestellten Tendenzen zeigen eine gute Übereinstimmung mit in der Literatur zu findenden Messergebnissen. Sowohl die Grenzschichtuntersuchungen von Große und Schröder (2008) an einer auf maximal $\Delta T_W = +50\,°\mathrm{C}$ erwärmten Wand, als auch die Experimente von Cheng und Ng (1982) bei extrem erhöhten Wandtemperaturen von ca. +800 °C belegen, dass der resultierende Wärmeübergang vor allem zu einer Aufdickung der Wandgrenzschicht führt, während die normierten Geschwindigkeitsverteilungen nahezu unverändert bleiben.

Aufdickung der Grenzschicht

In Tabelle 4.4 sind die gemessenen Grenzschichtdicken in Abhängigkeit der Position und Wandtemperatur für die Fälle ohne und mit Scheibendrehung zusammengestellt. Die Ergebnisse zeigen, dass die Aufdickung der Grenzschicht infolge der beheizten Wand mit zunehmender Lauflänge geringfügig ansteigt und im Mittel etwa +5% beträgt (20 °C → 200 °C). Ferner fällt auf, dass die Zunahme der Grenzschichtdicke an Position P1 mit +4.9% noch erwartungsgemäß ausfällt, während an Position P3 lediglich ein Anwachsen um +1.6% ($x_H(z = \pm 0.13\,\mathrm{m})^{\dagger}$ beträgt jeweils 0.080 m) feststellbar ist. Dieses Strömungsverhalten lässt sich auf die im letzten Abschnitt diskutierten Geschwindigkeitsverteilungen zurückführen. Im mitbewegten Bezugssystem der Scheibe ergibt sich an Position P3 infolge der Relativbewegung zwischen Anströmung und Scheibe eine stark beschleunigte Strömung, vgl. Abbildung 4.7. Als Konsequenz wird an Position P3 im Vergleich zu P1 wesentlich mehr Wärme konvektiv abgeführt, so dass der Wärmetransport in wandnormaler Richtung entsprechend abnimmt und sich die Aufdickung der Grenzschicht vermindert.

Im Vergleich zu den Untersuchungen von Cheng und Ng (1982) und Große und Schröder (2008) zeigen sich hinsichtlich der prozentualen Grenzschichtaufdickung deutliche Unterschiede. Cheng und Ng (1982) haben bei vergleichbaren Strömungsbedingungen ebenfalls eine verstärkte Zunahme der Grenzschichtdicke mit der Lauflänge festgestellt, die jedoch deutlich ausgeprägter ausfällt (+4.2% bei $x_H = 0.035\,\mathrm{m}$, +14.3% bei $x_H = 0.183\,\mathrm{m}$). Die Messungen wurden dabei allerdings bei einer wesentlich höheren Wandtemperatur ($\Delta T_W \approx +800\,°\mathrm{C}$) durchgeführt, die zudem in Strömungsrichtung konstant gehalten wurde. Bei den vorliegenden Untersuchungen wurde als Versuchsrandbedingung dagegen eine konstante Wärmestromdichte eingestellt, die aufgrund der Wärmeübertragung zu einem kontinuierlichen Anstieg der Wandtemperatur in Strömungsrichtung führt. Nach Reynolds et al. (1958c) führt der resultierende positive Temperaturgradient in Strömungsrichtung zu einer Verbesserung der Wärmeübertragung gegenüber dem Fall mit konstanter Wandtemperatur. Dies erscheint plausibel, da ein bestimmter Punkt auf der Scheibe eine Temperaturgrenzschicht sieht, die sich jeweils bei geringeren Wandtemperaturen entwickelt hat. Durch die veränderte Grenzschichthistorie ergibt sich daher ein verändertes Temperaturprofil mit steilerem Temperaturgradienten $({}^{\partial T}/{}_{\partial y})_W$ an der Wand. Neben den geringeren Wandtemperaturen führt somit wahrscheinlich die verbesserte konvektive Wärmeabfuhr dazu, dass die Aufdickung der Grenzschicht im Vergleich zu

† $x_H(z)$ bezeichnet die Lauflänge bezogen auf den Beginn des beheizten Segmentes

den Messungen von Cheng und Ng (1982) geringer ausfällt. Im Gegensatz zu den bisher diskutierten Ergebnissen zeigt sich bei den von Große und Schröder (2008) bei konstanter Wandtemperatur durchgeführten Messungen eine Abnahme der prozentualen Grenzschichtaufdickung mit der Lauflänge (+17–20% bei $x_H = 0.8\,\mathrm{m}$, +11–14% bei $x_H = 1.0\,\mathrm{m}$). Dieses Verhalten kann darauf zurückgeführt werden, dass die Untersuchungen ohne eine unbeheizte Anlaufstrecke durchgeführt wurden, so dass – anders als bei der vorliegenden Arbeit und der Studie von Cheng und Ng (1982) – bereits eine voll entwickelte Temperaturgrenzschicht vorlag. Ferner wurden die Messungen bei einer deutlich höheren Lauflänge von $\geq 0.8\,\mathrm{m}$ durchgeführt. Der Vergleich mit den in der Literatur zu findenden Messergebnissen lässt den Schluss zu, dass das Anwachsen der Grenzschicht infolge einer beheizten Wand sowohl stark von der Temperaturdifferenz $\Delta T = T_W - T_\infty$ als auch von den stromauf vorliegenden thermischen Randbedingungen (Temperaturgradient in Strömungsrichtung, Lauflänge x_H sowie der gewählten unbeheizten Anlaufstrecke) abhängt.

Lastfall	$\overline{T}_{W,S}$	**Grenzschichtdicke δ [mm]**			
	[°C]	P2	P1	P3	P4
ohne Scheibendrehung	20	10.42	-	-	14.09
	200	10.95	-	-	-
	-	(+5.1%)[†]	(-)	(-)	(-)
mit Scheibendrehung	20	10.50	12.44	12.62	13.67
	200	10.96	13.05	12.82	14.48
	-	(+4.4%)	(+4.9%)	(+1.6%)	(+5.9%)

[†] prozentuale Aufdickung der Grenzschicht infolge der beheizten Wand

Tabelle 4.4: Grenzschichtdicke δ für die Positionen P2 ($x_H = 0.022\,\mathrm{m}$), P1/P3 ($x_H = 0.080\,\mathrm{m}$) und P4 ($x_H = 0.282\,\mathrm{m}$) für die Lastfälle ohne und mit Scheibendrehung in Abhängigkeit der mittleren Scheibentemperatur $\overline{T}_{W,S}$.

Instantane Geschwindigkeitsfelder

Im Folgenden soll näher untersucht werden, welche Strömungsmechanismen für das Anwachsen der Grenzschichtdicke verantwortlich sind. Zu diesem Zweck sind in Abbildung 4.12 exemplarisch jeweils ein instantanes Geschwindigkeitsfeld im Messfenster z2 für die unbeheizte Wand ($\overline{T}_{W,S} \approx 20\,°\mathrm{C}$) und für eine Wandtemperatur von $\overline{T}_{W,S} \approx 200\,°\mathrm{C}$ dargestellt. Zur Hervorhebung der kohärenten Strömungsstrukturen wurde dabei eine Konvektionsgeschwindigkeit von $0.85U_\infty^*$ abgezogen. Dieses Verfahren eignet sich besonders zur Visualisierung der Harpin-Wirbel und ist ausführlich in Adrian, Christensen und Liu (2000) beschrieben. In den dargestellten Geschwindigkeitsfeldern lassen sich – wie bereits anhand der Strömungsfelder in Abbildung 4.9 diskutiert – Gebiete mit geringer Längsgeschwindigkeit erkennen, über denen jeweils Hairpin-Wirbel rampenförmig zur

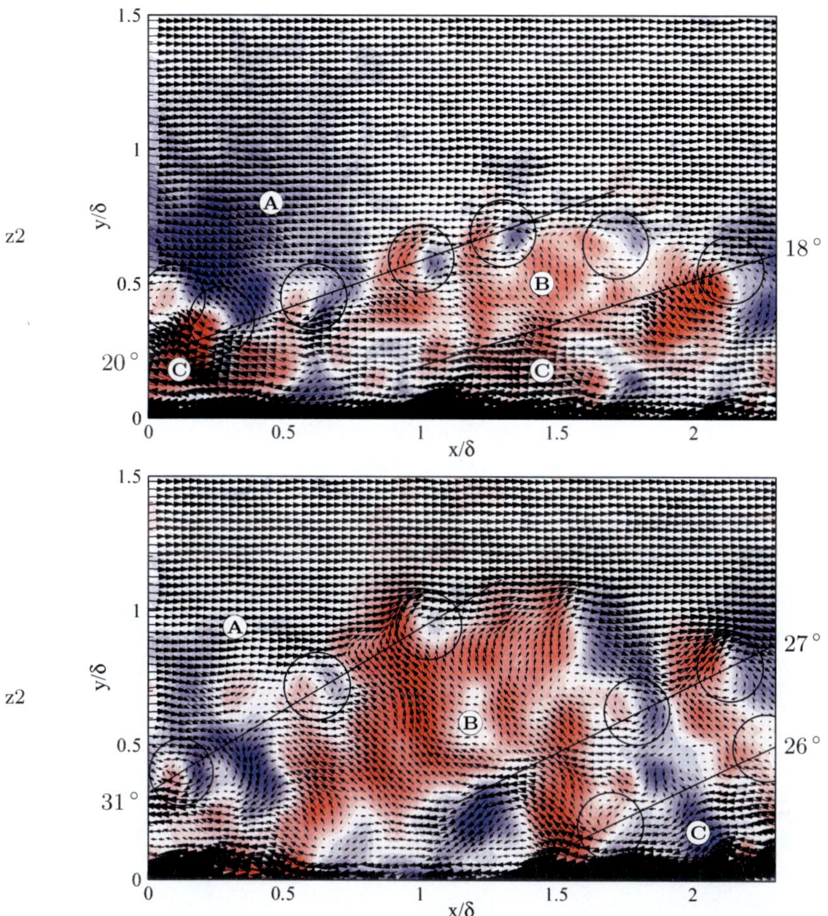

Abbildung 4.12: Instantane Geschwindigkeitsfelder im Messfenster z2 für eine Wandtemperatur von $\overline{T}_{W,S} \approx 20\,^\circ\mathrm{C}$ (oberes Bild; $\dot{Q}_H = 0\,\mathrm{W}$, Darstellung jedes 2. Vektors) bzw. $\overline{T}_{W,S} \approx 200\,^\circ\mathrm{C}$ (unteres Bild; $\dot{Q}_H = 1469\,\mathrm{W}$) für den Fall ohne Scheibendrehung: ■ $v' > 0$, ■ $v' < 0$. Zur Hervorhebung der kohärenten Strömungsstrukturen wurde eine Konvektionsgeschwindigkeit von $0.85 U_\infty^*$ abgezogen.

Wand geordnet sind. Wie bereits von Meinhart und Adrian (1995) und Adrian, Meinhart und Tomkins (2000) beobachtet, zeigt sich darüber hinaus, dass die einzelnen Pakete von Hairpin-Wirbeln scheinbar mit Zonen konstanter Längsgeschwindigkeit einhergehen. In der mit Ⓑ gekennzeichneten Region beträgt die

Konvektionsgeschwindigkeit dabei in etwa $0.85U_{\infty}^{*}$ – die resultierenden Vektoren sind hier nahezu Null – während die Geschwindigkeiten in Hauptströmungsrichtung in den Zonen Ⓐ und Ⓒ höher bzw. geringer als $0.85U_{\infty}^{*}$ ausfallen. Zwischen den Zonen mit konstanter Längsgeschwindigkeit ergeben sich dabei dünne Scherschichten mit hohen Geschwindigkeitsgradienten $d\overline{u}/dy$. Die umkreisten Köpfe der Hairpin-Wirbel oberhalb der Region Ⓑ erscheinen nahezu kreisrund, so dass sich schließen lässt, dass diese ebenfalls mit einer Geschwindigkeit von $0.85U_{\infty}^{*}$ konvektieren. Ferner wird anhand der Strömungsfelder deutlich, dass sich die älteren Pakete von Hairpin-Wirbeln bereits stärker aufgerichtet haben und gleichzeitig mit Gebieten hoher Längsgeschwindigkeit einhergehen, während die jüngeren, wandnahen Pakete mit geringeren Geschwindigkeiten konvektieren. Ein Vergleich der Geschwindigkeitsfelder für $\overline{T}_{W,S} \approx 20\,°\mathrm{C}$ und $200\,°\mathrm{C}$ zeigt nun, dass sich die Hairpin-Wirbel-Pakete bei erhöhter Wandtemperatur stärker aufrichten und somit eine größere Ausdehnung in wandnormaler Richtung besitzen. Der Winkel zwischen Wand und den rampenförmig angeordneten Wirbeln (Linie durch die Wirbelkerne) erhöht sich dabei in den dargestellten Geschwindigkeitsfeldern infolge der Wärmeeinleitung von 18–20 ° auf 26–31 ° . Die in Abbildung 4.13 dargestellte statistische Auswertung von $N = 20$ instantanen Geschwindigkeitsfeldern bestätigt die beobachtete Tendenz. Der aus den ausgewerteten Strömungsstrukturen berechnete mittlere Neigungswinkel steigt durch die Temperaturerhöhung von 17.8 ° auf 26.2 ° an (20 °C → 200 °C). Die ermittelte Zunahme von +8.4 ° zeigt sich dabei in sehr guter Übereinstimmung mit den Messungen von Große und Schröder (2008), die ebenfalls eine Erhöhung des Neigungswinkels um +5–10 ° infolge einer Wärmeeinleitung an der Wand festgestellt haben. Die Ergebnisse lassen somit den Schluss zu, dass die Wärmezufuhr zu einem deutlichen

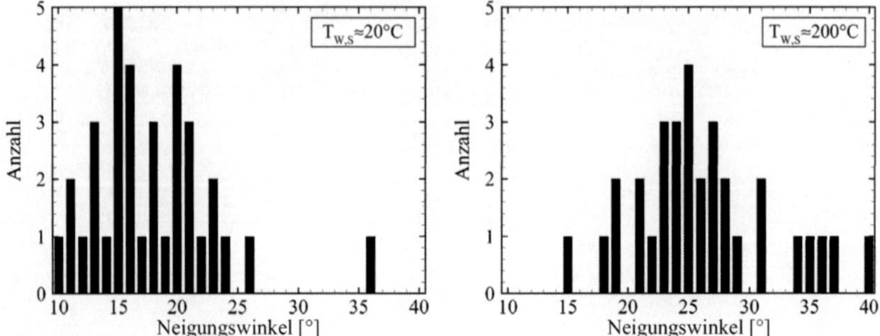

Abbildung 4.13: Statistische Auswertung des Neigungswinkels zwischen Wand und den rampenförmig zur Wand angeordneten Hairpin-Wirbel-Paketen für eine Temperatur von $\overline{T}_{W,S} \approx 20\,°\mathrm{C}$ (linkes Bild; $\dot{Q}_H = 0\,\mathrm{W}$) bzw. $\overline{T}_{W,S} \approx 200\,°\mathrm{C}$ (rechtes Bild; $\dot{Q}_H = 1469\,\mathrm{W}$). Die Histogramme zeigen die Auswertung von N=20 instantanen Geschwindigkeitsfeldern im Messfenster z2 für den Fall ohne Scheibendrehung.

Anstieg des Neigungswinkels zwischen Hairpin-Wirbelpaketen und Wand führt. Als Konsequenz dringen die kohärenten Strömungsstrukturen bis in höhere Regionen der Grenzschicht vor, so dass es durch den damit verbundenen Transport von langsamen, hochturbulentem Fluid aus wandnahen Schichten zu einer Aufdickung der Grenzschicht kommt. Der Anstieg des Neigungswinkels besitzt zudem eine Rückwirkung auf das Wärmeübergangsvermögen an der Wand. Eine nähere Betrachtung des Einflusses der Wandtemperatur auf den konvektiven Wärmeübergang erfolgt in Kapitel 4.3.2.

4.3 Wärmeübergang an der Scheibe

Nachdem im letzten Abschnitt die Geschwindigkeitsverteilungen auf der Scheibe in Abhängigkeit der Scheibendrehung und der Wandtemperatur analysiert wurden, soll im Folgenden der Einfluss auf den Wärmeübergang an der Scheibe untersucht werden. Zu diesem Zweck werden zunächst die mit der Infrarot-Kamera vermessenen Temperaturverteilungen auf der Scheibe betrachtet, sowie im Anschluss die aus den Heizleistungsmessungen ermittelten Kühlkennfelder diskutiert.

Analogien zwischen Wärme- und Impulstransport

An dieser Stelle soll zunächst kurz auf eine hilfreiche Verknüpfung zwischen dem Strömungsfeld auf der Scheibe und dem daraus resultierenden Wärmeübergang hingewiesen werden, die sich über die Analogie zwischen Impuls- und Wärmetransport ergibt und im Weiteren zur Interpretation der Ergebnisse herangezogen wird. Nach der *Reynolds-Analogie* ergibt sich unter Ausnutzung des ähnlichen Aufbaus von Impuls- und Energiegleichung ein einfacher Zusammenhang zwischen Nusselt-Zahl Nu_x, Wandreibungsbeiwert c_f und lokaler Reynolds-Zahl Re_x:

$$St^{\dagger} = \frac{Nu_x}{Pr Re_x} = \frac{c_f}{2} \quad \text{bzw.} \quad Nu_x = \frac{c_f}{2} Re_x \quad \text{für} \quad Pr = 1 \tag{4.14}$$

Da Reynolds bei seinen Betrachtungen die laminare Unterschicht vernachlässigt und die Annahme verwendet, dass dem Impuls- und Wärmetransport in turbulenten Strömungen der gleiche Mechanismus zugrunde liegt (d.h. ${\nu_t}^{\dagger} = {a_t}^{\ddagger}$), gilt die Analogie streng genommen nur für eine ebene Plattenströmung bei einer Prandtl-Zahl von $Pr = {}^{\nu}/_{a} = 1$ bzw. einer turbulenten Prandtl-Zahl von $Pr_t = {}^{\nu_t}/_{a_t} = 1$. Neben diesem einfachen Zusammenhang existieren in der Literatur eine Reihe weiterer Analogien, die den Ansatz von Reynolds weiterentwickelt haben und teilweise auf spezielle Strömungsprobleme abgestimmt sind.

† lokale Stanton-Zahl

† kinematische Wirbelviskosität

‡ turbulente Temperaturleitfähigkeit

Die *Prandtl-Analogie* teilt die turbulente Wandgrenzschicht in zwei Bereiche und berücksichtigt neben dem von Reynolds betrachteten vollturbulenten Bereich der Grenzschicht zusätzlich die laminare Unterschicht, in der die molekularen Austauschgrößen dominieren (Jischa 1982). *Von Kármán* erweiterte den Ansatz von Prandtl durch zusätzliches Einbeziehen der sogenannten *Übergangsschicht*, in der molekulare und turbulente Austauschgrößen in etwa von selber Größenordnung sind (von Kármán 1939). Im Gegensatz zur Reynolds-Analogie gelten die Analogien von Prandtl und von Kármán durch den erweiterten Ansatz ebenfalls für Prandtl-Zahlen ungleich eins und ermöglichen für Luftströmungen somit genauere Vorhersagen des Wärmeübergangs ($Pr(20\,°\mathrm{C}) \approx 0.71$, siehe Stoffwerte im Anhang A.2).

4.3.1 Temperaturverteilungen

In Abbildung 4.14 sind exemplarisch die mit der Infrarot-Kamera gemessenen Temperaturverteilungen auf der Scheibe für die Fälle ohne und mit Scheibendrehung dargestellt. Die mittlere Wandtemperatur der Scheibe beträgt – bei einer eingebrachten Heizleistung von ca. 1.5 kW – für beide Strömungsfälle jeweils etwa $\overline{T}_{W,S} \approx 200\,°\mathrm{C}$. Anhand der Temperaturverteilung für den Fall ohne Scheibendrehung zeigen sich punktuelle Gebiete mit verringerter Wandtemperatur, die mit der Lage der Befestigungsschrauben und der auf der Oberfläche eingelassenen Temperatursensoren einhergehen, vgl. Abbildung 4.2. Die verminderte Wandtemperatur resultiert zum Teil aus den in der Heizfolie – zur Durchführung der Schrauben und Anschlusskabel – vorgesehenen Öffnungen, die an den entsprechenden Positionen eine direkte Wärmeeinleitung verhindern. Die Befestigungsschrauben wirken zudem als Wärmesenke, die die Wärme nach unten in die Trägerplatte ableiten. Weiterhin weisen die Temperatursensoren geringfügig von der Deckplatte abweichende Emissionskoeffizienten auf, die zu entsprechenden Abweichungen von der verwendeten Kalibrierkurve führen.

Ferner zeigt sich für den Fall ohne Scheibendrehung der erwartete Temperaturanstieg in Strömungsrichtung. Dieser ist auf die Ausbildung der Temperaturgrenzschicht über der Scheibe zurückzuführen, die mit der Lauflänge x_H stetig anwächst und zu einer Zunahme des Wärmedurchgangswiderstandes führt. Daraus resultierend kommt es zu einem Abfall des Wärmeübergangskoeffizienten α_W und folglich zu dem beobachteten positiven Temperaturgradienten ${}^{dT_W}/_{dx}$ in Strömungsrichtung. Da die Dicke der Temperaturgrenzschicht im vorderen Bereich der Scheibe zügig anwächst, ergibt sich in diesem Bereich ein besonders ausgeprägter Anstieg der Wandtemperatur. Die Isothermen zeigen dabei einen gekrümmten Verlauf, der in etwa einem Kreisbogen mit dem Radius R_S der Scheibe entspricht. Dieser Effekt ist darauf zurückzuführen, dass die Entwicklung der Temperaturgrenzschicht für $|z| \rightarrow R_s$ um die Strecke $\Delta x_H = R_S - (\sqrt{R_S^2 - z^2})$ verzögert einsetzt. Der signifikante Abfall des Wärmeübergangs im vorderen Be-

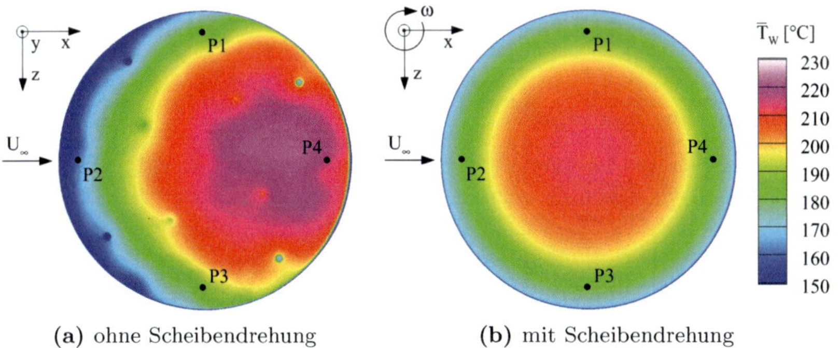

(a) ohne Scheibendrehung **(b)** mit Scheibendrehung

Abbildung 4.14: Verteilung der mittleren Wandtemperaturen $\overline{T}_W$ auf der Scheibe: a) ohne Scheibendrehung bei $Re_L = 1.62 \cdot 10^6$ ($U_\infty = 27.8\,\mathrm{m/s}$, $n = 0\,\mathrm{min^{-1}}$, $\dot{Q}_H = 1469\,\mathrm{W}$), b) mit Scheibendrehung bei $Re_L = 1.62 \cdot 10^6$ bzw. $Re_\omega = 1.38 \cdot 10^5$ ($U_\infty = 27.8\,\mathrm{m/s}$, $n = 870\,\mathrm{min^{-1}}$, $\dot{Q}_H = 1449\,\mathrm{W}$).

reich korreliert dabei – nach der erwähnten Analogie zwischen Wärme- und Impulsaustausch – mit der starken Abnahme des Reibungsbeiwertes bzw. der Wandschubspannung zu Beginn einer sich entwickelnden Wandgrenzschicht. Im hinteren Bereich der Scheibe ($x/R_S \geq 0.7$) zeigt sich ein geringfügiger Abfall der Wandtemperatur, der im nachfolgenden Abschnitt näher analysiert wird.

Für den Fall mit Scheibendrehung ergibt sich eine rotationssymmetrische Verteilung der Wandtemperaturen, siehe linkes Bild in Abbildung 4.14. Diese steht im Widerspruch zu den gemessenen Geschwindigkeitsprofilen im Nahwandbereich der Scheibe, die – insbesondere aufgrund der an den Messpositionen P1 und P3 vorliegenden stark verzögerten (P1) bzw. beschleunigten Strömung (P3) – auf eine ungleichmäßige Verteilung der Wärmeübergangskoeffizienten über den Scheibenumfang schließen lassen. Ein fester Punkt auf der Scheibe erfährt somit während einer Umdrehung einen sich stetig ändernden konvektiven Wärmeübergang, der unter Annahme unendlich schneller Wärmeübetragungsprozesse ebenfalls zu einer Änderung der Wandtemperatur führen müsste. In der Realität führt sowohl die Trägheit der Wärmeleitung als auch die hohe Winkelgeschwindigkeit dazu, dass die Scheibenoberfläche der schnellen Änderung der Wärmeübertragung nicht folgen kann und sich somit eine rotationssymmetrische Temperaturverteilung einstellt. Dieses Ergebnis zeigt sich in Übereinstimmung mit der Arbeit von aus der Wiesche (2002), in der anhand von analytischen Betrachtungen gezeigt wird, dass sich für Stahlbremsscheiben aufgrund der hohen Winkelgeschwindigkeit – auch für extrem asymmetrisch verteilte Wärmequellen bzw. Wärmeübergangskoeffizienten – rotationssymmetrische Temperaturverteilungen einstellen. Der in Abbildung 4.14 zu beobachtende Anstieg der Wandtemperatur vom äußeren Scheibenring in Richtung der Scheibenmitte ($r \to 0$), ist dabei auf den bereits erwähnten hohen Wärmeübergang an der Scheibenvorderkante zurückzuführen.

Validierung der Messergebnisse

Zur weiteren Analyse der Temperaturverteilungen werden die Messergebnisse für den Fall ohne Scheibendrehung im Folgenden mit geeigneten empirischen Zusammenhängen für den Wärmeübergang an einer ebenen Plattenströmung verglichen. Wie bereits erwähnt, existieren in der Literatur eine Reihe von Variationen der anfangs vorgestellten Analogien zwischen Impuls- und Wärmetransport, die auf unterschiedlichen empirischen Ansätzen basieren und daher in der Regel auf spezielle Strömungsprobleme abgestimmt sind. Für den vorliegenden Strömungsfall bietet sich insbesondere ein Vergleich mit der empirischen Korrelation von Reynolds et al. (1958c) an, da diese sowohl das Einbeziehen der unbeheizten Anlaufstrecke als auch die Festlegung einer konstanten Wärmestromdichte $\dot{q}_W^{(K)}$ als Randbedingung erlaubt. Dabei sei darauf hingewiesen, dass die zum Vergleich herangezogene empirische Abschätzung auf einer 2D-Plattenströmung basiert und somit mögliche im Randbereich der Scheibe ($x/R_S \rightarrow 1$) auftretende 3D-Effekte nicht berücksichtigt.

Unter Ausnutzung der Linearität der Energiegleichung für die Grenzschicht hat Reynolds durch Verwendung des Superpositionsprinzips ein Verfahren entwickelt, das die Berechnung von Wärmestromdichten auf Grundlage beliebiger Temperaturverteilungen erlaubt. Als Basis der Superposition wird dabei der Fall einer Platte mit unbeheizter Anlaufstrecke L_0 und anschließendem Temperatursprung auf T_W = konst. $> T_\infty$ verwendet, der sich nach den Arbeiten von Sibulkin (1954), Ferrari (1954) und Scesa (1951) vergleichsweise einfach über folgenden Zusammenhang berechnen lässt:

$$\frac{St}{St_{it}} = \left[1 - \left(\frac{L_0}{x}\right)^{\frac{9}{10}}\right]^{-\frac{1}{9}} \tag{4.15}$$

Dabei bezeichnet St_{it} die lokale Stanton-Zahl für eine über die gesamte Lauflänge isotherme Platte, die nach Reynolds – unter Verwendung der Analogie von von Kármán (1939) und des Wandreibungsgesetzes von Schultz-Grunow (1941) – mit hoher Genauigkeit über folgenden Zusammenhang ermittelt werden kann:

$$St_{it} = 0.0296 Pr^{-0.4} Re_x^{-0.2}. \tag{4.16}$$

Durch Kombination unterschiedlich hoher Temperatursprünge lassen sich somit – unter Verwendung der Gleichungen (4.15) und (4.16) – beliebige Temperaturverteilungen abbilden und die dazugehörigen Wärmestromdichten berechnen. Mit Hilfe des beschriebenen Verfahrens kann ebenfalls das für die vorliegenden Untersuchungen relevante inverse Problem – Berechnung der Wandtemperaturen auf Basis einer vorgegebenen Wärmestromdichte – gelöst werden, siehe Anhang

A.3. Als Eingabeparameter zur Berechnung der Temperaturverteilung in Strömungsrichtung dient dabei die Länge der unbeheizten Anlaufstrecke $L_0(z = 0)$ sowie die an der Wand abgegebene konvektive Wärmestromdichte, die mit Hilfe von Gleichung (4.2) ermittelt wurde.

Da die Beziehung (4.16) auf Basis konstanter Stoffwerte abgeleitet wurde, müssen die Ergebnisse streng genommen bezüglich der Temperaturabhängigkeit der Stoffwerte korrigiert werden. Zur Berücksichtigung des Temperatureinflusses schlägt Reynolds daher vor, die berechneten Stanton-Zahlen nachträglich mit Hilfe des Faktors $({}^{T_w}/_{T_\infty})^{-0.4}$ zur korrigieren. Ein weit verbreiteter Ansatz ist ferner die *Referenz-Temperaturmethode*, bei der die Stoffwerte für eine zwischen T_W und T_∞ liegende Referenztemperatur T_{Ref} bestimmt werden, siehe Gersten und Herwig (1992) oder Kakac et al. (1987). Für die Berechnung der Referenztemperatur wird dabei häufig die einfache Approximation

$$T_{Ref} = T_W + 0.5(T_\infty - T_W) \tag{4.17}$$

nach Eckert (1955) verwendet. In der Praxis liefert diese Korrektur allerdings – wie auch der von Reynolds eingeführte Faktor – für Luftströmungen mit $\Delta T = T_W - T_\infty > 50\,°\mathrm{C}$ zu hohe Korrekturwerte, siehe Kakac et al. (1987). Zusätzlich entsteht für das vorliegende inverse Problem die Schwierigkeit, dass sich die Wandtemperaturen erst als Ergebnis der Berechnungen ergeben und die Korrektur somit iterativ ermittelt werden muss. Aufgrund der diskutierten Problematik wurde der Einfluss variabler Stoffwerte bei den durchgeführten Berechnungen vernachlässigt.

In Abbildung 4.15 (linkes Bild) sind zum Vergleich die gemessenen und über den empirischen Zusammenhang von Reynolds et al. (1958c) berechneten Temperaturverläufe $\overline{T}_W(x, z = 0)$ auf der Scheibe für zwei unterschiedliche Wärmestromdichten dargestellt. Im mittleren Bereich der Scheibe ($|{}^x/_{R_S}| < 0.6$) zeigt sich für beide Wärmestromdichten eine exzellente Übereinstimmung der Temperaturverläufe. Dabei fällt auf, dass die Messwerte für $\overline{T}_{W,S} \approx 100\,°\mathrm{C}$ tendenziell minimal unterhalb der berechneten Werte liegen (Differenz in der Scheibenmitte $\Delta\overline{T}_W \approx -1.5\,°\mathrm{C}$), während die Abweichungen für $\overline{T}_{W,S} \approx 200\,°\mathrm{C}$ nicht mehr erkennbar sind. Dieser Effekt kann auf die Vernachlässigung der Temperaturabhängigkeit der Stoffwerte zurückgeführt werden. Wie im nachfolgenden Kapitel gezeigt wird, kommt es mit steigender Wandtemperatur zu einer geringfügigen Verschlechterung des Wärmeübergangs, so dass sich die Messwerte in der Folge gegenüber der empirischen Abschätzung zu höheren Werten verschieben.

Im äußeren Bereich der Scheibe ($|{}^x/_{R_S}| > 0.6$) liegen die Messwerte dagegen unterhalb der empirischen Abschätzung von Reynolds. Die Abweichungen am Scheibenrand betragen dabei bis zu 10% und können auf unterschiedliche Effekte zurückgeführt werden. Neben den in Kapitel 4.1.2 betrachteten Verlustwärmeströmen ergeben sich an den seitlichen Rändern der Scheibe zusätzliche thermische Verluste durch Strahlung und Konvektion, die zu dem beobachteten Temperaturabfall beitragen. Um beurteilen zu können, welchen Einfluss die

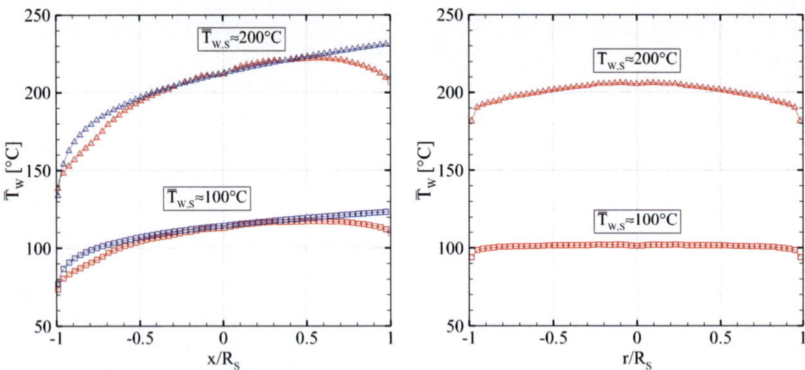

Abbildung 4.15: Gemessener Temperaturverlauf $\overline{T}_W(x, z = 0)$ in Strömungsrichtung für den Fall ohne Scheibendrehung bei $Re_L = 1.62 \cdot 10^6$ ($U_\infty = 27.8\,\mathrm{m/s}$, $n = 0\,\mathrm{min}^{-1}$, Darstellung jedes 4. Datenpunktes) im Vergleich zur empirischen Abschätzung nach Reynolds (linkes Bild) sowie radial gemittelte Temperaturverteilung in ruhender Umgebung (rechtes Bild; $U_\infty = 0\,\mathrm{m/s}$, $n = 0\,\mathrm{min}^{-1}$): — Messwerte, — Empirik nach Reynolds.

seitlichen Verluste auf die Temperaturverteilungen haben, wurden zusätzliche Messungen in ruhender Umgebung ($U_\infty = 0\,\mathrm{m/s}$, $n = 0\,\mathrm{min}^{-1}$) durchgeführt. Für diesen Grenzwertfall lässt sich in erster Näherung annehmen, dass die abgegebenen Wärmestromdichten durch Strahlung und freie Konvektion auf der Oberseite und an den Seitenflächen gleich groß sind. Bei einem Flächenverhältnis von $A_{S,Seite}/A_{S,oben} \approx 3.9\%$ werden somit maximal 3.9% der Heizleistung über die Seitenfläche der Scheibe abgegeben. Für den Fall mit Anströmung liegt der prozentuale Anteil – aufgrund der dominierenden erzwungenen Konvektion auf der Oberseite – dagegen deutlich unterhalb des angegebenen Wertes im Bereich von $< 1.0\%$, vgl. auch Tabelle 4.2. Die gemessenen Temperaturverläufe in ruhender Umgebung sind in Abbildung 4.15 (rechtes Bild) für eine mittlere Scheibentemperatur von $\overline{T}_{W,S} \approx 100\,^\circ\mathrm{C}$ und $200\,^\circ\mathrm{C}$ dargestellt. Dabei fällt auf, dass sich für $\overline{T}_{W,S} \approx 100\,^\circ\mathrm{C}$ noch ein größtenteils gleichmäßiges Temperaturniveau einstellt (Temperaturabfall -2.5% für $r/R_S \to 0.9$), während sich für $\overline{T}_{W,S} \approx 200\,^\circ\mathrm{C}$ eine tendenziell parabolische Temperaturverteilung ergibt (Temperaturabfall -6.4% für $r/R_S \to 0.9$). Durch die Ergebnisse wird deutlich, dass der Temperaturabfall im Randbereich der Scheibe nicht alleine durch die seitlichen Verluste begründet werden kann, da sowohl der prozentuale Temperaturabfall für die Messungen in ruhender Umgebung stark unterschiedlich ist als auch die Ausprägung des Temperaturabfalls in Relation zu den Fällen mit Anströmung – trotz des deutlich steigenden Einflusses der seitlichen Verluste – nicht zunimmt. Diese Erkenntnis wird durch die Arbeit von Körner (2009) bestätigt, in der die Abhängigkeit der

Temperaturverteilung von den seitlichen Verlusten numerisch untersucht wird.

Vielmehr lassen die Ergebnisse für die Fälle mit und ohne Anströmung darauf schließen, dass die Höhe des Temperaturabfalls mit dem Anstieg der Heizleistung und der Wandtemperatur zusammenhängt. Dies deutet darauf hin, dass die von der Heizfolie abgegebene Wärmestromdichte bei höheren Leistungen ungleichmäßig wird und zu den Rändern hin abfällt. Ferner wird die Temperaturverteilung in der Deckscheibe durch den Anpressdruck zwischen Heizfolie und Scheibe beeinflusst. Nimmt dieser nun infolge der thermischen Ausdehnung der Bauteile – vermutlich verstärkt im Randbereich der Scheibe – ab, kommt es durch die resultierende Isolationswirkung ebenfalls zu einem Abfall der Wandtemperatur. Zusammenfassend lässt sich aus den Ergebnissen ableiten, dass die Abweichungen zwischen Messung und Empirik im äußeren Bereich der Scheibe mit hoher Wahrscheinlichkeit aus einer Kombination der beschriebenen Effekte resultieren.

4.3.2 Kühlkennfelder

Zur weiteren Untersuchung des Wärmeübergangs an der Scheibe in Abhängigkeit der Scheibendrehung werden im Folgenden die auf Basis der Heizleistungsmessungen ermittelten Kühlkennfelder analysiert. Die Kennfelder stellen dabei einen Zusammenhang zwischen der von der Heizfolie abgegebenen Wärmestromdichte $\dot{q}_H = \dot{Q}_H/A_S$ bzw. der mit Hilfe von Gleichung (4.2) berechneten konvektiven Wärmestromdichte $\dot{q}_W^{(K)}$ und der Temperaturdifferenz $\Delta T = \overline{T}_{W,S} - T_\infty$ her. Aus der konvektiven Wärmestromdichte werden zusätzlich die mittleren Wärmeübergangskoeffizienten für die Scheibe berechnet und deren Abhängigkeit von der mittleren Wandtemperatur und der Reynolds-Zahl der Anströmung aufgezeigt.

Einfluss der Scheibendrehung

In Abbildung 4.16 sind die Kennlinien für die Gesamtwärmestromdichte bzw. die konvektive Wärmestromdichte für unterschiedliche Reynoldszahlen Re_L bzw. Re_ω für die Fälle ohne ($Re_\omega = 0$) und mit Scheibendrehung dargestellt. Die Reynolds-Zahl der Anströmung Re_L wurde dabei mit der Länge L zwischen Vorderkante der ebenen Platte und Hinterkante der Scheibe gebildet. In den Kennlinien für die Gesamtwärmestromdichte sind definitionsgemäß noch die thermischen Verluste enthalten, so dass die Kurven aufgrund des Strahlungsanteils einen leicht progressiven Verlauf zeigen, siehe linkes Kennfeld in Abbildung 4.16. Unter Berücksichtigung der Verluste ergibt sich durch die Proportionalität zwischen der an der Wand angegebenen konvektiven Wärmestromdichte und der treibenden Temperaturdifferenz ein annähernd linearer Verlauf, vgl. rechtes Kennfeld in Abbildung 4.16. Die Steigung der Kennlinien entspricht dabei nach der Definitionsgleichung (4.3) für den konvektiven Wärmeübergang dem mittleren Wärmeübergangskoeffzienten $\overline{\alpha}_{W,S}$.

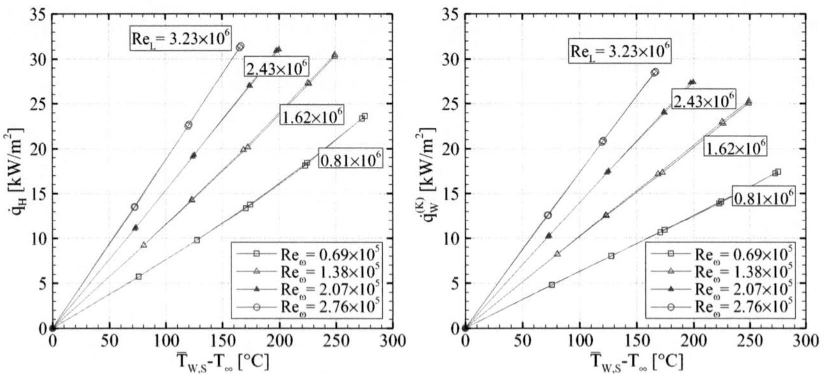

Abbildung 4.16: Von der Heizfolie abgegebene Gesamtwärmestromdichte $\dot{q}_H$ (linkes Bild) und berechnete konvektive Wärmestromdichte $\dot{q}_w^{(K)}$ (rechtes Bild) in Abhängigkeit der Wandtemperatur $\overline{T}_{W,S}$ für unterschiedliche Reynolds-Zahlen Re_L der Anströmung und Re_ω der rotierenden Scheibe: — ohne Scheibendrehung, — mit Scheibendrehung.

Insgesamt fällt auf, dass sich der konvektive Wärmeübergang für den Fall mit Scheibendrehung nur minimal gegenüber dem Referenzfall ohne Scheibendrehung verbessert. Die exemplarische Differenzbildung zwischen den Kennlinien bei $\Delta T = 150\,°C$ zeigt größtenteils eine geringfügige Zunahme der konvektiven Wärmestromdichte zwischen +0.23% ($Re_L = 3.23 \cdot 10^6$) und +1.22% ($Re_L = 1.62 \cdot 10^6$) durch die zusätzliche Rotationsbewegung der Scheibe, während die Werte für $Re_L = 0.81 \cdot 10^6$ sogar leicht abnehmen (−0.17%). Der geringe Einfluss der Scheibendrehung lässt sich auf die in Kapitel 4.2.1 diskutierten Geschwindigkeitsverteilungen zurückführen. Im Bereich von Position P3 dreht die Scheibe entgegen der Anströmung, so dass sich durch die erhöhte Relativgeschwindigkeit zwischen Scheibe und Fluid und dem daraus resultierenden Anstieg der Wandschubspannung – in Übereinstimmung mit der Reynolds-Analogie nach Gleichung (4.14) – ein erhöhter Wärmeübergang ergibt. Auf der gegenüberliegenden Seite (Position P1) dreht die Scheibe mit der Anströmung, so dass sich hier aufgrund der abnehmenden Relativgeschwindigkeit ein entsprechend geringerer konvektiver Wärmeübergang einstellt. In Summe scheinen sich beide Effekte zu kompensieren, so dass sich das Wärmeübertragungsvermögen an der Scheibe insgesamt kaum verändert. Der in der Tendenz leicht erhöhte Wärmeübergang lässt sich dabei auf die zusätzliche, in Umfangsrichtung zeigende Geschwindigkeitskomponente im Bereich der Positionen P2 und P4 zurückführen, die zu einer lokalen Erhöhung der resultierenden Wandschubspannung führt und somit den konvektiven Wärmetransport geringfügig verbessert.

Die diskutierten Ergebnisse decken sich mit den Untersuchungen von Dennis et al. (1970) und aus der Wiesche (2007) an einer frei liegenden rotierenden

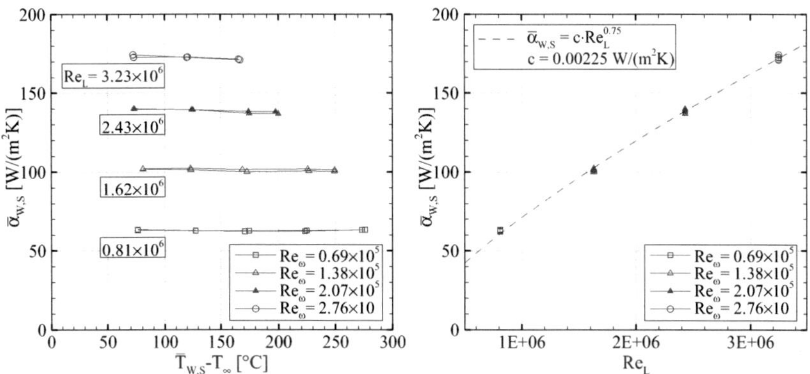

Abbildung 4.17: Mittlerer Wärmeübergangskoeffizient $\overline{\alpha}_{W,S}$ für die Scheibe in Abhängigkeit der Wandtemperatur $\overline{T}_{W,S}$ (linkes Bild) und der Reynolds-Zahl der Anströmung Re_L (rechtes Bild): — ohne Scheibendrehung, — mit Scheibendrehung.

Scheibe ohne Anlaufstrecke, die für das vorliegende Verhältnis von Umfangs- und Anströmgeschwindigkeit ($^{\pi n D_S}/_{U_\infty} = 0.5$) ebenfalls keinen signifikanten Einfluss der Scheibendrehung auf den Wärmeübergang festgestellt haben. Bei einer deutlichen Zunahme der Umfangsgeschwindigkeit gegenüber der Anströmgeschwindigkeit ($Re_\omega > Re_L$ mit $L = R_S$) zeigte sich dagegen eine Verbesserung des Wärmeübergangs, der für $Re_\omega >> Re_L$ sogar von der Rotation der Scheibe dominiert wird (aus der Wiesche 2007).

Einfluss der Wandtemperatur und Reynolds-Zahl

Die Auftragung der mittleren Wärmeübergangskoeffizienten über der Temperaturdifferenz zwischen Wand und Außenströmung zeigt nun, dass die Wärmeübergangskoeffizienten eine geringfügige Temperaturabhängigkeit aufweisen und tendenziell mit steigender Wandtemperatur abnehmen, siehe linkes Diagramm in Abbildung 4.17. Dieser Effekt lässt sich darauf zurückführen, dass es bei steigenden Wandtemperaturen zu einer direkten Kopplung zwischen Temperatur- und Geschwindigkeitsfeld kommt, die auf der Temperaturabhängigkeit der Stoffwerte – Dichte, Viskosität, Wärmeleitfähigkeit und -kapazität – beruht.

Eine anschauliche Erklärung für die Abnahme der Wärmeübergangskoeffizienten ergibt sich aus der mit steigender Temperatur sinkenden Luftdichte ($^{\varrho_w(200\,^\circ C)}/_{\varrho_\infty} \approx 0.62$), die – insbesondere in unmittelbarer Wandnähe – zu einer Abnahme des in der Grenzschicht mitgeführten Massenstroms führt. In der Folge wird die an der Wand übertragene Wärmeenergie zunächst verstärkt senkrecht zur Wand in das Fluid geleitet, bevor der konvektive Transport in wandparalleler Richtung erfolgt. Dementsprechend werden weiter von der Wand entfernt liegende Fluidschichten aufgeheizt, so dass es in der Folge zu einer Aufdickung der Temperaturgrenzschicht und einem Anstieg des Wärmedurchgangwiderstandes kommt. Das Anwachsen der thermischen Grenzschicht mit zunehmender Wandtemperatur lässt sich besonders anschaulich anhand der von Smith und Spalding (1958) eingeführten *Leitungsdicke* $\delta_L = {}^{\lambda}/_{\alpha_W}$ verdeutlichen. Da der Wärmetransport ins Fluid direkt an der Wand nur durch Wärmeleitung erfolgen kann, lässt sich die Leitungsdicke mit Hilfe des Wärmeleitungsgesetzes von Fourier $\dot{q}_W^{(L)} = -\lambda \left({}^{\partial T}/_{\partial y}\right)_W$ und Gleichung (4.3) schreiben als:

$$\delta_L = \frac{\lambda}{\alpha_W} = \frac{\lambda(T_W - T_\infty)}{\dot{q}_W^{(L)}} = -\frac{T_W - T_\infty}{\left({}^{\partial T}/_{\partial y}\right)_W} \tag{4.18}$$

Anhand dieser Beziehung wird deutlich, dass die Leitungsdicke δ_L für ein vorgegebenes Temperaturprofil die Größenordnung der thermischen Grenzschichtdicke δ_T besitzt. Die mit der Temperatur ansteigende molekulare Wärmeleitfähigkeit in der laminaren Unterschicht $\left({}^{\lambda(200\,^\circ\mathrm{C})}/_{\lambda(20\,^\circ\mathrm{C})} \approx 1.48\right)$ führt nun zwar zu einer Verbesserung des Wärmetransports, bewirkt aber nach Gleichung (4.18) ebenfalls eine deutliche Aufdickung der Temperaturgrenzschicht, so dass der Wärmeübergangskoeffizient α_W insgesamt geringfügig abnimmt (Kakac et al. 1987, Schlichting und Gersten 1997). Die exemplarische Berechnung von δ_L auf Basis der ermittelten Wärmeübergangskoeffizienten ergibt bei einem Temperaturanstieg von $\overline{T}_{W,S} = 100\,^\circ\mathrm{C}$ auf $200\,^\circ\mathrm{C}$ für $Re_L = 1.62 \cdot 10^6$ eine Zunahme der Leitungsdicke um +23%. Ferner wird anhand von Gleichung (4.18) ersichtlich, dass die Dicke der thermischen Grenzschicht bzw. die Leitungsdicke δ_L für eine konstante Temperaturdifferenz nur noch vom Temperaturgradienten an der Wand $\left({}^{\partial T}/_{\partial y}\right)_W$ abhängt, der wiederum über das Wärmeleitungsgesetz direkt mit der abgegebenen Wärmestromdichte $\dot{q}_W$ verknüpft ist.

Der geschilderte Einfluss der Wandtemperatur auf den Wärmeübergang lässt sich ebenfalls anhand der in Kapitel 4.2.2 diskutierten Geschwindigkeitsverteilungen nachvollziehen. Die instantanen Geschwindigkeitsfelder in Abbildung 4.12 zeigen, dass sich die kohärenten Strömungsstrukturen mit zunehmender Wandtemperatur stärker aufrichten und bis in höhere Regionen der turbulenten Grenzschicht erstrecken. Als Resultat ergibt sich ein weniger fülliges Geschwindigkeitsprofil und damit eine verminderte Wärmeabfuhr in wandparalleler Richtung. Gleichzeitig wird das wandnahe Fluid hoher Temperatur in weiter von der Wand entfernte Schichten transportiert, so dass die bereits diskutierte Aufdickung der Temperaturgrenzschicht gefördert wird.

Die Auftragung der Wärmeübergangskoeffizienten in Abbildung 4.17 deutet ferner darauf hin, dass die Abnahme des Wärmeübergangskoeffizienten mit steigender Wandtemperatur für höhere Reynolds-Zahlen geringfügig stärker ausgeprägt ist. Die Zusammenstellung in Tabelle 4.5 zeigt, dass der Abfall des mittleren Wärmeübergangskoeffizienten $\overline{\alpha}_{W,S}$ bei einer Wandtemperaturzunahme von $100\,^\circ\mathrm{C}$ auf $200\,^\circ\mathrm{C}$ für $Re_L = 0.81 \cdot 10^6$ noch −0.9% beträgt, während

$\overline{T}_{W,S}$ [°C]	**Wärmeübergangskoeffizient $\overline{\alpha}_{W,S}$ [W/(m²K)]** $Re_L = 0.81 \cdot 10^6$	$1.62 \cdot 10^6$	$2.43 \cdot 10^6$	$3.23 \cdot 10^6$
100	63.07	101.93	139.911	174.57
200	62.51	100.21	137.25	171.28
-	(−0.9%)†	(−1.7%)	(−1.9%)	(−1.9%)

‡prozentuale Änderung von $\overline{\alpha}_{W,S}$ infolge der erhöhten Wandtemperatur

Tabelle 4.5: Mittlerer Wärmeübergangskoeffizient $\overline{\alpha}_{W,S}$ für den Fall ohne Scheibendrehung in Abhängigkeit der Wandtemperatur $\overline{T}_{W,S}$ und der Reynolds-Zahl der Anströmung Re_L.

für $Re_L = 3.23 \cdot 10^6$ bereits ein Abfall um -1.9% feststellbar ist. Nach Gleichung (4.18) bedeutet dies ebenso, dass sich die mit der Wandtemperatur zunehmende Aufdickung der thermischen Grenzschicht für höhere Reynolds-Zahlen verstärkt. Eine exemplarische Berechnung der Wärmeübergangskoeffizienten mit Hilfe der Reynolds-Analogie nach Gleichung (4.14) auf Basis der für eine Referenztemperatur $\overline{T}_{Ref}$ ermittelten Stoffwerte bestätigt – bei einer entsprechenden Variation der Reynolds-Zahl und Wandtemperatur – in abgeschwächter Form den aus den Messwerten abgeleiteten Trend.

Das linke Diagramm in Abbildung 4.17 zeigt noch einmal den Einfluss der Reynolds-Zahl Re_L auf den mittleren Wärmeübergangskoeffizienten $\overline{\alpha}_{W,S}$. Generell kann der Einfluss der Reynolds-Zahl auf den Wärmeübergang an einer turbulent überströmten Platte ohne unbeheizter Anlaufstrecke L_0 für eine Luftströmung mit $Pr \approx 0.71$ vereinfacht über eine Beziehung der Form

$$Nu_L = c \cdot R_L^m \qquad (4.19)$$

approximiert werden (Kakac et al. 1987). Dabei bezeichnet Nu_L die über die Plattenlänge L gemittelte Nußelt-Zahl. Für den vorliegenden Sonderfall einer kreisrunden Scheibe mit sich in z-Richtung ändernder Anlaufstrecke $L_0(z)$ lässt sich der Reynolds-Zahl-Effekt auf den gemittelten Wärmeübergangskoeffizienten $\overline{\alpha}_{W,S}$ unter Verwendung von Gleichung (4.19) über

$$\overline{\alpha}_{W,S} = c \cdot R_L^{0.75} \quad \text{mit} \quad c = 0.00225\,\mathrm{W/m^2K} \qquad (4.20)$$

ausdrücken, vgl. Trendkurve in Abbildung 4.17.

Einfluss der Dissipation

Bei den bisherigen Betrachtungen wurden die mit der Anströmgeschwindigkeit zunehmenden Dissipationseffekte in der turbulenten Wandgrenzschicht vernachlässigt. Abschließend soll daher beispielhaft für zwei unterschiedliche Anströmgeschwindigkeiten diskutiert werden, in welcher Form sich die Berücksichtigung der Dissipation auf die ermittelten Wärmeübergangskoeffizienten auswirkt. Die

Re_L [-]	$\overline{T}_{W,S}$ [°C]	Wärmeübergangskoeffizient $\overline{\alpha}_{W,S}$ [W/(m²K)] $\overline{T}_{W,S} - T_\infty$ †	$\overline{T}_{W,S} - T_E$	
$1.62 \cdot 10^6$	100	101.93	102.37	(+0.4%)‡
	200	100.21	100.41	(+0.2%)
	-	(−1.7%)§	(−1.9%)	-
$3.23 \cdot 10^6$	100	174.57	177.97	(+1.9%)‡
	200	171.28	172.70	(+0.8%)
	-	(−1.9%)§	(−3.0%)	-

† Definition der treibenden Temperaturdifferenz ΔT zur Berechnung von $\overline{\alpha}_{W,S}$
‡ prozentuale Änderung von $\overline{\alpha}_{W,S}$ infolge der geändertern Bezugstemperatur
§ prozentuale Änderung von $\overline{\alpha}_{W,S}$ infolge der erhöhten Wandtemperatur

Tabelle 4.6: Einfluss der gewählten Bezugstemperatur auf den mittleren Wärmeübergangskoeffizienten $\overline{\alpha}_{W,S}$ für den Fall ohne Scheibendrehung bei $Re_L = 1.62 \cdot 10^6$ ($U_\infty = 27.8\,\mathrm{m/s}$, $n = 0\,\mathrm{min^{-1}}$) und $Re_L = 3.23 \cdot 10^6$ ($U_\infty = 55.6\,\mathrm{m/s}$, $n = 0\,\mathrm{min^{-1}}$).

in der Grenzschicht infolge des Dissipationsprozesses stattfindende Umwandlung von mechanischer in innere Energie führt dazu, dass eine adiabate Wand eine *Eigentemperatur* T_E annimmt, die höher ist als die statische Temperatur T_∞ in der Strömung. Die entstehende Temperaturerhöhung lässt sich nach Baehr und Stephan (1998) für eine turbulente Grenzschicht über

$$\Delta T = T_E - T_\infty = \sqrt[3]{Pr} \cdot \frac{U_\infty^2}{2c_p} \tag{4.21}$$

ermitteln und ergibt sich zu $\Delta T = +0.34\,°\mathrm{C}$ ($U_\infty = 27.8\,\mathrm{m/s}$) bzw. $\Delta T = +1.37\,°\mathrm{C}$ ($U_\infty = 55.6\,\mathrm{m/s}$). Daraus folgt, dass erst ein Wärmeübergang ins Fluid stattfindet, sobald die Wandtemperatur T_W des adiabaten Körpers die Eigentemperatur T_E überschreitet. Da das Bremsscheibenmodell durch die Isolationsschicht aus Keramikpapier in erster Näherung als adiabat angesehen werden kann, muss die ermittelte konvektive Wärmestromdichte daher streng genommen auf die Temperaturdifferenz $\Delta T = T_W - T_E$ bezogen werden. Der resultierende Effekt auf den mittleren Wärmeübergangskoeffizienten ist in Tabelle 4.6 dargestellt. Es zeigt sich, dass $\overline{\alpha}_{W,S}$ durch die verringerte treibende Temperaturdifferenz geringfügig um +0.2% bis maximal +1.9% ansteigt. Dabei fällt die Zunahme des Wärmeübergangskoeffizienten für $Re_L = 3.23 \cdot 10^6$ aufgrund von $(T_E - T_\infty) \sim U_\infty^2$ entsprechend höher aus. Ferner lässt sich feststellen, dass bei Berücksichtigung der Dissipation die – auf der Temperaturabhängigkeit der Stoffwerte beruhende – Abnahme von $\overline{\alpha}_{W,S}$ mit steigender Wandtemperatur weiter verstärkt wird. Bei einer Temperaturerhöhung von 100 °C auf 200 °C steigt für $Re_L = 1.62 \cdot 10^6$ die prozentuale Abnahme des Wärmeübergangskoeffizienten geringfügig von −1.7% auf −1.9% an, während der Effekt für $Re_L = 3.23 \cdot 10^6$ mit einer Änderung von −1.9% auf −3.0% erwartungsgemäß stärker ausgeprägt ist.

4.4 Fazit

Mit Hilfe des verwendeten Versuchsstands und der eingesetzten Messtechnik konnten erfolgreich hochaufgelöste Messungen des Geschwindigkeits- und Temperaturfeldes an einem generischen Bremsscheibenmodell realisiert werden. Die Anpassung der SPIV-Auswerteparameter ermöglichte dabei – bei reduzierter räumlicher Auflösung – ebenfalls eine zuverlässige Vermessung der Geschwindigkeitsverteilung bei stark beheizter Scheibenoberfläche. Auf Basis der Messergebnisse konnten neue Erkenntnisse über die dreidimensionale Grenzschichtströmung an einer überströmten, rotierenden und beheizten Bremsscheibe sowie deren Auswirkung auf das konvektive Wärmeübergangsverhalten an der Scheibe gewonnen werden. Ferner ermöglichen die Messdaten eine umfassende Validierung von numerischen Strömungssimulationen zur Vorhersage des thermischen Verhaltens von PKW-Scheibenbremsen. Die wichtigsten aus den Messdaten abgeleiteten Zusammenhänge und Erkenntnisse sollen im Folgenden noch einmal kurz zusammengefasst werden:

- Die Scheibendrehung führt in der wandnahen Region ($y/\delta \leq 0.25$) zu einer deutlichen Deformation des Grenzschichtprofils. In Gebieten, in denen die Vektoren der Anströmung und der Umfangsgeschwindigkeit in die gleiche bzw. entgegengesetzte Richtung zeigen, ergibt sich im Relativsystem der Scheibe eine stark verzögerte bzw. beschleunigte Strömung. Stehen die Vektoren senkrecht zueinander, zeigt sich durch die Umfangskomponente der Scheibe ein verwundenes, dreidimensionales Geschwindigkeitsprofil.

- In Bereichen mit erhöhter Relativgeschwindigkeit wird durch die zunehmende Scherung verstärkt Turbulenz produziert, die den Abtransport von Wärme in den entsprechenden Bereichen verbessert. Die erhöhte Turbulenzproduktion äußert sich vornehmlich in einer Intensivierung der turbulenzerzeugenden, kohärenten Strömungsstrukturen (sweeps/ejections) und einer in Wandnähe deutlich erhöhten Längsgeschwindigkeitsfluktuation.

- Infolge der beheizten Scheibenoberfläche kommt es zu einer Aufdickung der turbulenten Geschwindigkeitsgrenzschicht von bis zu +5.9%. Dieser Effekt lässt sich auf die rampenförmig zur Wand angeordneten Hairpin-Wirbel-Pakete zurückführen, die sich bei beheizter Wand verstärkt aufrichten und in der Folge bis in weiter von der Wand entfernte Regionen ausdehnen.

- Ein Vergleich der aus den Temperatur- und Heizleistungsmessungen berechneten konvektiven Wärmestromdichten für die Fälle ohne und mit Scheibendrehung zeigt, dass sich durch die Scheibendrehung im Rahmen der Messgenauigkeit keine deutliche Verbesserung des konvektiven Wärmeübergangs ergibt. Bei dem untersuchten Verhältnis von Umfangs- zu Anströmgeschwindigkeit von $\pi n D_S / U_\infty = 0.5$ kompensieren sich die Bereiche mit erhöhter bzw. verringerter Relativgeschwindigkeit weitestgehend, so dass die mittlere konvektive Kühlleistung der Scheibe nur leicht zunimmt.

- Aufgrund der Temperaturabhängigkeit der Stoffwerte kommt es mit zunehmender Wandtemperatur zu einer Aufdickung der Temperaturgrenzschicht, die mit einem geringfügigen Abfall der berechneten Wärmeübergangskoeffizienten von maximal -1.9% – bei einer Temperaturerhöhung von $\overline{T}_{W,S} = 100\,°\mathrm{C}$ auf $200\,°\mathrm{C}$ – einhergeht.
- Bei Berücksichtigung der Dissipationseffekte in der Grenzschicht steigen die Wärmeübergangskoeffizienten – durch die Abnahme der treibenden Temperaturdifferenz ΔT – leicht an, während sich der beschriebene prozentuale Abfall der Wärmeübergangskoeffizienten mit der Wandtemperatur noch einmal geringfügig verstärkt. Die Ausprägung beider Effekte nimmt dabei signifikant mit der Anströmgeschwindigkeit zu.

Der Vergleich der gemessenen Temperaturverteilungen auf der Scheibe mit der empirischen Abschätzung von Reynolds et al. (1958c) für eine ebene Platte hat ferner gezeigt, dass die Verläufe größtenteils exzellent übereinstimmen, sich im Randbereich der Scheibe ($|^x/_{R_S}| > 0.6$) jedoch Abweichungen von bis zu 10% ergeben. Die Ursache konnte auf die thermischen Verluste am Seitenrand, einer in radialer Richtung abfallenden Heizfolien-Leistungsdichte sowie eines ungleichmäßigen Anpressdrucks zwischen Deckplatte und Heizfolie infolge der thermischen Ausdehnung der Bauteile zurückgeführt werden.

Für zukünftige Untersuchungen ist es daher sinnvoll, die seitlichen Stirnflächen der Scheibe mit einer zusätzlichen Isolierschicht zu versehen, um die erwähnten seitlichen Verluste weiter zu reduzieren. Darüber hinaus lassen sich mögliche thermische Verformungen der Deckplatte – auf Kosten eines trägeren thermischen Systems – durch Erhöhung der Scheibendicke minimieren. Hinsichtlich des beschriebenen Abfalls der Heizfolien-Leistungsdichte ist eine direkte Verbesserung des experimentellen Aufbaus schwierig. Hier sollten daher in Rücksprache mit dem Hersteller (*Minco*) mögliche Ursachen und Lösungsansätze diskutiert werden. Alternative Heizfolien mit der benötigten Form und Leistungsklasse sind nach Wissen des Autors am Markt nicht direkt verfügbar.

5 Aerodynamische Untersuchungen am vereinfachten PKW-Halbmodell

In diesem Kapitel erfolgt eine detaillierte Analyse der komplexen, isothermen Strömung im Bereich der Bremsscheibe und des Radhauses eines realitätsnahen Fahrzeugmodells. Zu diesem Zweck wurden im Radhaus eines vereinfachten PKW-Halbmodells (Maßstab 1:2.5) umfassende SPIV-Messungen durchgeführt, die eine Analyse der dreidimensionalen Strömungsverhältnisse ermöglichen. Nach einer kurzen Erläuterung des experimentellen Versuchsaufbaus wird anhand der Messergebnisse systematisch die Bremsscheibenanströmung über einen offenen Luftführungskanal im Unterboden, das Strömungsfeld im Bereich der Bremsscheibe und die Abströmung durch die Felgenöffnungen analysiert. Die hochaufgelöste Vermessung der Grenzschichtströmung auf der Bremsscheibe ermöglicht zudem den Vergleich zu den Srömungsverhältnissen am generischen Bremsscheibenmodell. Durch Untersuchung verschiedener Versuchsrandbedingungen wird darüber hinaus geklärt, infolge welcher Faktoren die Strömung im Bereich der Bremsscheibe beeinflusst wird. Ferner wird auf Basis der Geschwindigkeitsfelder und zusätzlicher Strömungsvisualisierungen mit Hilfe von Ölanstrichbildern die globale Strömungstopologie im Radhaus diskutiert.

5.1 Experimenteller Aufbau und Durchführung

5.1.1 SPIV-Messungen

Messaufbau

Zur Bestimmung der dreidimensionalen Strömungsfelder im Radhaus wurde ein SPIV-Aufbau realisiert, der in Abbildung 5.1 skizzenhaft dargestellt ist. Das verwendete Messequipment – siehe Zusammenstellung in Tabelle 5.1 – entspricht dabei größtenteils der für die Messungen am generischen Bremsscheibenmodell verwendeten Hardware. Für eine detaillierte Beschreibung sei deshalb auf Kapitel 4.1.1 verwiesen.

Der vom Nd:YAG-Laser (②) erzeugte Laserstrahl wird zunächst mit Hilfe eines vergüteten Spiegels (③) um 90° umgelenkt. Anschließend wird der Strahl über eine Zylinderlinse zu einem Lichtschnitt aufgeweitet, dessen Dicke im Bereich des Messfensters über eine vorgeschaltete Fokussieroptik stufenlos angepasst werden kann (④). Der Lichtschnitt wird erneut um 90° umgelenkt und auf der Rückseite des Modells im Bereich der Antriebswellenlagerung über einen Acrylglaseinsatz in das Radhaus eingebracht. Dementsprechend wurde die La-

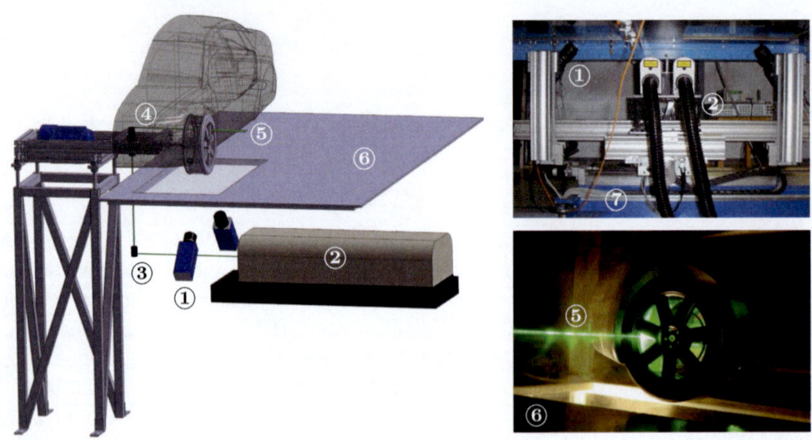

Abbildung 5.1: Prinzipieller SPIV-Versuchsaufbau zur Vermessung der Geschwindigkeitsfelder im Radhaus des PKW-Halbmodells: ① CCD-Kameras, ② Nd:YAG-Laser, ③ Umlenkspiegel, ④ Lichtschnittoptik und Umlenkspiegel, ⑤ Laserlichtschnitt, ⑥ starre Bodenplatte mit Glaseinsatz, ⑦ 2-Achsen Traverse.

gerung der Antriebswelle sehr platzsparend konstruiert, um die Messebenen im Radhaus möglichst frei positionieren zu können. Die Ausleuchtung des Bereiches zwischen Außenseite der Bremsscheibe und Felgenöffnungen wurde mit Hilfe einer aus Acrylglas gefertigten Bremsscheibe realisiert, die das Laserlicht nahezu vollständig durchlässt. Zur Vermeidung von störenden Reflexionen sind – abgesehen von den Acryglasbauteilen – alle Oberflächen im Radhaus mattschwarz lackiert.

Der Laser wurde zusammen mit den CCD-Kameras (①) auf einer parallel zur Windkanalachse ausgerichteten 2-Achsen Traverse (⑦) montiert, die sich unterhalb der Messstrecke befindet. Zur Vermessung unterschiedlicher Messebenen in Hauptströmungsrichtung lassen sich Kameras und Laser simultan in Strömungsrichtung verfahren. Die Umlenk- und Lichtschnittoptik ist dabei wieder über ein spezielles Optikbanksystem fest mit dem Laser verbunden, so dass die notwendigen Justierarbeiten so weit wie möglich reduziert werden. Quer zur Hauptströmungsrichtung lassen sich die Kameras dagegen unabhängig vom Laser verfahren. Dies bietet den Vorteil, dass sich Messungen auf der Innen- und Außenseite der Bremsscheibe – bei denen lediglich die Kameraposition verändert werden muss – problemlos realisieren lassen. Der optische Zugang für die beiden Kameras wird über je einen Fenstereinsatz im Boden der Messstrecke und der zur Bodensimulation eingesetzten ebenen Platte (⑥) gewährleistet. Die aus Acrylglas gefertigten Laufflächen des Rades ermöglichen zudem den optischen Zugang für Messungen im Nahfeld der Bremsscheibe.

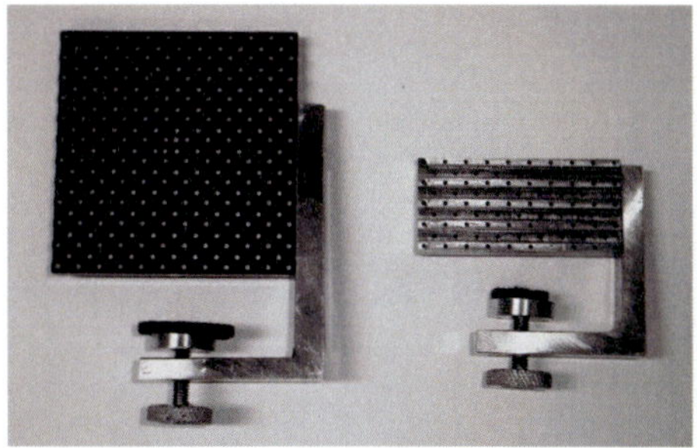

Abbildung 5.2: CNC-gefräste 2-Ebenen Kalibrierplatten mit Punkte-Raster zur präzisen Stereo-PIV Kalibrierung.

Kalibrierung

Aufgrund des stark eingeschränkten Zugangs stellte die exakte Kalibrierung für die Messfenster im inneren Bereich der Radfelge eine besondere Herausforderung dar. Für diese Messungen wurden daher spezielle 3D-Kalibrierplatten mit 2 Ebenen eingesetzt, die die ansonsten notwendige fehleranfällige Verschiebung der Platte während der Kalibrierprozedur überflüssig machen. Abbildung 5.2 zeigt die verwendeten Kalibrierplatten, die mit Hilfe einer Klemmvorrichtung an der Bremsscheibe befestigt werden. Während der Kalibrierprozedur wird die obere Ebene des Gitters zunächst ohne montiertes Rad zum Lichtschnitt ausgerichtet. Im Anschluss wird das Rad vorsichtig auf die Welle gesteckt, um bei der Kalibrierung die durch das Acrylglas entstehenden Brechungseffekte zu berücksichtigen. Die Ausrichtung der Kalibrierplatte zum Lichtschnitt wird nach der Montage des Rades noch einmal kontrolliert, kleinere Fehler sind aufgrund der begrenzten Zugänglichkeit allerdings nicht auszuschließen. Durch Anwendung der Disparitäts-Korrektur lassen sich diese Fehler jedoch nachträglich korrigieren.

Lage und Abmessungen der Messfenster

Die Abmessungen der Messfenster als auch deren Lage relativ zum Modell sind in Abbildung 5.3 verdeutlicht. Die Messfenster wurden dabei so gewählt, dass die Bremsscheibenzuströmung (Messfenster X1–X4, Y1 und Z1–Z4), die Strömung im Nahfeld der Bremsscheibe (Messfenster z1–z4 und z1'–z4') und die Abströmung durch die Felgenöffnungen (Messfenster Y2) erfasst werden konnten. Alle angegebenen Positionen beziehen sich auf ein Koordinatensystem mit Ursprung im Mittelpunkt der Antriebsachse und der Bremsscheiben-Innenseite. Wie in Abbildung 5.3c dargestellt, wurden die Messungen an der Bremsscheiben-Innenseite (z2/z4) mit zwei unterschiedlichen Objektivbrennweiten durchgeführt, um sowohl einen möglichst großen Messbereich im Felgentopf zu erfassen, als

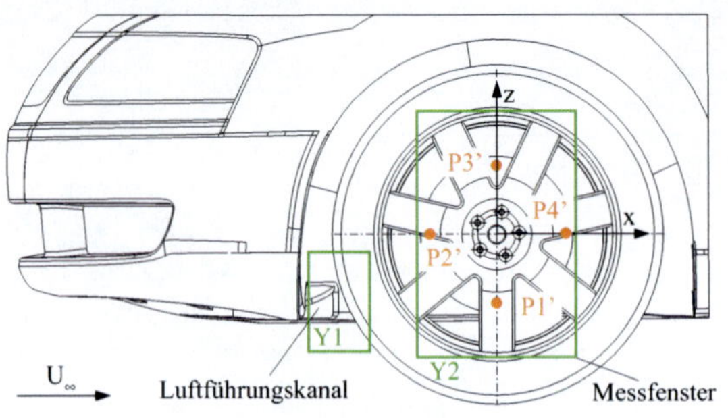

(a) Vorderansicht des Rades

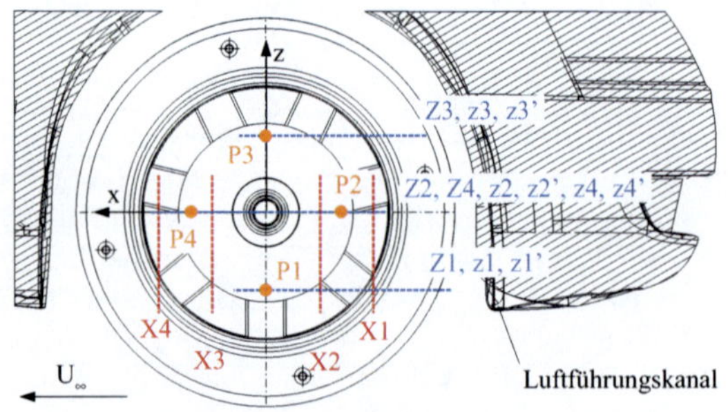

(b) Rückansicht des Rades

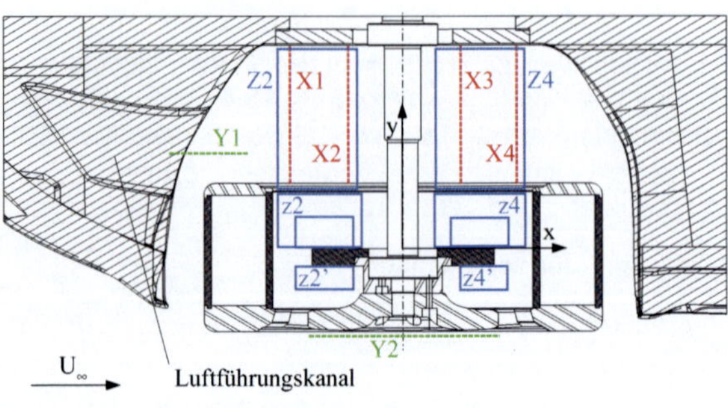

(c) Mittelschnitt $z = 0\,\text{mm}$

Abbildung 5.3: Lage und Abmessungen der Messebenen $x = -80\,\text{mm}$ (X1), $x = -40\,\text{mm}$ (X2), $x = +40\,\text{mm}$ (X3), $x = +80\,\text{mm}$ (X4), $y = +65\,\text{mm}$ (Y1), $y = -58\,\text{mm}$ (Y2), $z = -56\,\text{mm}$ (Z1, z1, z1'), $z = 0\,\text{mm}$ (Z2, Z4, z2, z2', z4, z4') und $z = +56\,\text{mm}$ (Z3, z3, z3') im Radhaus des PKW-Halbmodells. Die Punkte P1, P2, P3, P3' und P4 befinden sich auf einer radialen Position von $r = 56\,\text{mm}$.

auch hochaufgelöste Messungen im Bereich der Grenzschicht zu ermöglichen. An den Positionen P1–P4 (Bremsscheiben-Innenseite) bzw. P1'–P4' (Bremsscheiben-Außenseite) wurden – korrespondierend zu den Untersuchungen am generischen Bremsscheibenmodell – Grenzschichtprofile extrahiert. Die radiale Position der Punkte im Verhältnis zum Gesamtradius der Bremsscheibe wurde dabei im Vergleich zum ersten Testfall konstant gehalten. Der im vorherigen Abschnitt erläuterte SPIV-Aufbau bezieht sich auf alle mit "X" und "z/Z" bezeichneten Messfenster. Die horizontal und vertikal ausgerichteten Messfenster konnten dabei durch einfaches Drehen der Zylinderlinse und anpassen der Kameraposition realisiert werden. Hingegen musste der Versuchsaufbau für die Ermittlung der Strömungsfelder in den Messfenstern Y1 und Y2 jeweils modifiziert werden. Dabei wurde das Messfenster Y1 im Bereich des Luftführungskanals Y1 – aufgrund des stark eingeschränkten optischen Zugangs für die Kameras – mit einem Standard-PIV Aufbau vermessen.

Um eine Vermischung der durch Raddrehung und Radstellung hervorgerufenen Strömungseffekte zu vermeiden, wurden die Messungen grundsätzlich bei einer einheitlichen Drehwinkelposition des Rades (untere Felgenspeiche senkrecht zum Boden orientiert, siehe Abbildung 5.3a) durchgeführt. Für die Messungen mit Raddrehung wurden Kameras und Laser daher auf das Drehzahlsignal des Rades getriggert, so dass die Strömungsfelder bei festen Phasenwinkeln und folglich einer gleichbleibenden Radstellung durchgeführt werden konnten. Ferner wurden einzelne Geschwindigkeitsfelder mit einem geänderten Drehwinkel vermessen, um zusätzlich den Einfluss der Radstellung zu erfassen, siehe Messergebnisse in Kapitel 5.2.2.

Mess- und Auswerteparameter

In Tabelle 5.1 sind die experimentellen Parameter der SPIV-Messungen exemplarisch für die Messfenster X1–X4 und z1–z4 zusammengefasst. Bei einigen Parametern ergeben sich für die einzelnen Messfenster geringfügig unterschiedliche Werte, so dass in diesen Fällen nur die Werte für die Messfenster z1 bzw. X1 angegeben wurden. Die einzelnen Parameter wurden bereits größtenteils in Kapitel 4.1.1 diskutiert, so dass an dieser Stelle auf weitere Erläuterungen verzichtet werden soll. Die Auswerteeinstellungen wurden – entsprechend der Betrachtungen für die Messungen am generischen Bremsscheibenmodell – an die lokalen Strömungsbedingungen im Radhaus angepasst. Die mittleren Geschwindigkeitsfelder und die Verteilungen der turbulenten kinetischen Energie wurden für alle Messfenster aus jeweils 1000 zeitlich unabhängigen Vektorfeldern berechnet. Dabei sei darauf hingewiesen, dass die berechneten Verteilungen der turbulenten kinetische Energie sowohl die Energieanteile aus den in den Ablösebereichen generierten, großskaligen Wirbelstrukturen als auch den kleinskaligen, stochastischen Fluidbewegungen im Bereich der Scherschichten enthält. Eine Trennung

Parameter		**Messfenster z1–z4**	**Messfenster X1–X4**
Seeding	Typ	Pflanzenöl	
	Durchmesser	1 μm	
	Generator	Zerstäuber mit 12-Loch-Düse	
Lichtschnitt	Lasertyp	Nd:YAG (*Quantel Brilliant*)	
	max. Pulsenergie	167 mJ	
	Wellenlänge	532 nm	
	Pulslänge	4.2 ns	
	Lichtschnittdicke	≈ 0.5 mm	≈ 2 mm
Kamera	Typ	gekühlter CCD-Chip (*PCO Sensicam*)	
	Auflösung	1280×1024 px	
	Pixelgröße	6.7 μm^2	
	Bildfrequenz	8 Hz	
	Datentiefe	12 bit	
Objektiv	Abbildung	1:1 Makro-Objektiv (*Tamron SP AF 180mm F/3.5 Di LD*)	1:6.6 (*Nikon AF 50mm 1:1,8 D*)
	Brennweite	180 mm	50 mm
Aufnahme	eff. Sichtfeld $x \times y$ bzw. $y \times z$	$\approx 36.5 \times 25.5\, mm^{2\dagger}$	$\approx 92 \times 100\, mm^{2\dagger}$
	Abbildungsmaßstab	33.4 px/mm†	6.5 px/mm
	Δt Laserpuls 1–2	$5.8 \pm 0.012\, \mu s^\dagger$	$13 \pm 0.0008\, \mu s^\dagger$
	Bildanzahl	1000	
	Kamerawinkel θ_1/θ_2	40 ° /40 °	45 ° /45 °
	Blendenzahl	5.6	8
Kalibrierung	Kalibrierplatte	3D	2D
	Verfahren	Lochkamera-Modell	Polynom 3ten Grades
	RMS	< 0.8 px	< 0.3 px
Disparitäts korrektur	Fenstergröße	128×128 px	-
	Überlappung	50%	-
	Korrelationsmodus	Summierung der Korrelationen	-
	Bildanzahl	100	-
PIV-Auswertung	Auswerteverfahren	Mehrfach-Gitter/Durchgangs-Algorithmus mit adaptiver Auswertefenster-Deformation (*DaVis 7.1, LaVision*)	
	Endfenstergröße	32×32 px	32×32 px
	Überlappung	75%	75%
	Vektorabstand	$0.24 \times 0.24\, mm^{2\dagger}$	$1.23 \times 1.23\, mm^2$
	Verschiebungen‡ $\Delta \lvert\overline{X}\rvert/\lvert\overline{Y}\rvert/\lvert\overline{Z}\rvert$	$\approx 2.5/2.1/2.5$ px	$\approx 3.0/0.9/2.0$ px
Messunsicherheit $\overline{u}/\overline{v}/\overline{w}$		±0.3/0.32/1.2%	±0.6/0.5/0.24%

†die Werte beziehen sich auf das Messfenster z1 bzw. X1
‡maximale Partikelbildverschiebungen in den gemittelten Feldern z1–z4 bzw. X1–X4

Tabelle 5.1: Übersicht der experimentellen Parameter für die SPIV Messungen am PKW-Halbmodell.

dieser unterschiedlichen Bewegungsanteile ist aufgrund der limitierten Aufnahmefrequenz des verwendeten Standard-SPIV-Systems nicht möglich.

Die erweiterte Messunsicherheit ergibt sich auf Basis der maximalen Partikelbildverschiebungen und den Gleichungen (3.11) und (3.13) für die Messfenster X1–X4 zu ±0.5% und ±0.24% (Geschwindigkeitskomponenten $\overline{v}$ und $\overline{w}$) bzw. ±0.6% für die Geschwindigkeitskomponente $\overline{u}$ senkrecht zur Messebene. Für die horizontalen Messfenster z1–z4/Z1–Z4 liegt der ermittelte Messfehler bei ±0.3/0.26% und ±0.32/0.45% ($\overline{u}$ und $\overline{v}$) sowie ±1.20/1.20% für $\overline{w}$. Im Messfenster Y2 ergibt sich die Unsicherheit zu ±0.16% und ±0.25% ($\overline{u}$ und $\overline{w}$) bzw. ±0.61% für $\overline{v}$. Die Messunsicherheit für die Standard-PIV-Messungen im Messfenstern Y1 beträgt ±0.41% für $\overline{u}$ und ±0.39% für $\overline{w}$.

5.1.2 Versuchsparameter

Ein kritischer Lastfall für die Auslegung einer Bremsanlage ist die sogenannte *Großglockner-Schleichabfahrt*. Diese entspricht der Dauerbremsung eines voll beladenen Fahrzeugs im Gefälle, bei der sich allmählich ein Gleichgewicht zwischen zugeführter und – größtenteils über Konvektion – abgegebener Wärme einstellt. Die Geschwindigkeit des Fahrzeugs liegt dabei im Bereich zwischen 30 km/h (Gudlin und Syta 1987) und 40 km/h (Hopf und Gauch 2000). Vor diesem Hintergrund wurde für die Untersuchungen am PKW-Halbmodell eine reale Anströmgeschwindigkeit von $U_{\infty,real} = 35\,\mathrm{km/h}$ gewählt. Unter Berücksichtigung des Modellmaßstabs von 1 : 2.5 entspricht diese einer ungestörten Anströmgeschwindigkeit im Windkanal von $U_\infty = 87.5\,\mathrm{km/h} \approx 24.3\,\mathrm{m/s}$ bzw. einer nach Gleichung (2.2) ermittelten, korrigierten Kanalgeschwindigkeit von $U^*_\infty = 25.1\,\mathrm{m/s}$. Die resultierende Reynolds-Zahl der Anströmung ergibt sich somit zu $Re_L = 3.30 \cdot 10^6$ in Bezug auf die Fahrzeuglänge bzw. $Re_D = 4.6 \cdot 10^5$ in Bezug auf den Raddurchmesser. Wie bereits in Kapitel 2.3.1 diskutiert, liegt Re_D damit oberhalb der kritischen Reynolds-Zahl von $2.0 \cdot 10^5$, so dass eine geringe Reynolds-Zahl-Abhängigkeit der Strömung zu erwarten ist (siehe auch Messergebnisse in Kapitel 5.2.1). Um ebenfalls die mit der Umfangsgeschwindigkeit des Rades gebildete Reynolds-Zahl $Re_\omega = 2\pi n R_R^2/\nu$ im Modellversuch erreichen zu können, muss die Drehzahl des Rades entsprechend um den Faktor $R^2_{R,real}/R^2_{R,modell} = 2.5^2$ gegenüber der Drehzahl am realen Fahrzeug gesteigert werden. Für die gewählte Anströmgeschwindigkeit ergibt sich somit im Versuch eine Raddrehzahl von $n = 1652\,\mathrm{min}^{-1}$.

Alle in den nachfolgenden Abschnitten diskutierten Messergebnisse beziehen sich – sofern nicht anders angegeben – auf die beiden Lastfälle *ohne Raddrehung* ($U_\infty = 24.3\,\mathrm{m/s}$, $n = 0\,\mathrm{min}^{-1}$) und *mit Raddrehung* ($U_\infty = 24.3\,\mathrm{m/s}$, $n = 1652\,\mathrm{min}^{-1}$).

5.2 Bremsscheibenumströmung

5.2.1 Bremsscheibenzuströmung

Hysterese-Effekte

Zur Ermittlung möglicher Hysterese-Effekte wurde zunächst die Auswirkung des zeitlichen Verlaufs der Haupteinflussgrößen Anströmung und Raddrehung auf die Bremsscheibenzuströmung untersucht. Zu diesem Zweck wurde die Lastkurve – die zeitliche Erhöhung von Anströmgeschwindigkeit und Raddrehzahl – variiert, um die Auswirkung auf die Strömungstopologie zu bestimmen. Die Zeit bis zum Erreichen der Endwerte für Raddrehzahl und Anströmgeschwindigkeit im Windkanal betrug dabei jeweils ca. 30 s. In Abbildung 5.4 sind die mittleren Geschwindigkeitsfelder im Messfenster X1 in Abhängigkeit der gewählten Lastkurve dargestellt.

Für den Fall ohne Raddrehung (Abbildung 5.4a) löst der im Luftführungskanal gebildete Strahl an der inneren Reifenschulter[†] ab (①) und erfährt eine entsprechende Ablenkung nach außen ($+y$-Richtung). Wird nun bei bestehender, konstanter Anströmgeschwindigkeit die Raddrehzahl allmählich bis zum vorgegebenen Endwert erhöht (Abbildung 5.4b), ergibt sich in der betrachteten Messebene eine vergleichbare Geschwindigkeitsverteilung. Das nachträgliche Zuschalten der Radrotation hat folglich keine erkennbare Auswirkung auf den zuvor beobachteten Verlauf des Luftstrahls. Durch Umkehr der zeitlichen Reihenfolge, d.h. Einstellen der Raddrehzahl und nachträgliches Erhöhen der Anströmgeschwindigkeit, zeigt sich eine signifikante Änderung des Strömungsbildes (Abbildung 5.4c). Der Luftstrahl liegt jetzt an der inneren Reifenflanke an (②) und strömt in Richtung des Felgentopfes. Zudem wird der Luftstrahl im Vergleich zum ersten Strömungszustand weniger stark nach oben ($+z$-Richtung) abgelenkt (③). Im letzten Lastfall wurde eine möglichst realitätsnahe Steigerung der Rotations- und Anströmgeschwindigkeit simuliert. Dabei wurden Raddrehzahl und Anströmung simultan unter einem Geschwindigkeitsverhältnis von $\omega D_R / 2U_\infty^* \approx 1$ erhöht. Die resultierende Geschwindigkeitsverteilung zeigt, dass der Fluidstrahl analog zu Abbildung 5.4c an der inneren Reifenflanke anliegt. Aufgrund der zu 5.4d identischen Strömungscharakteristik wurde für alle weiteren Untersuchungen Lastfall 5.4c gewählt, da dieser sich in der Praxis besser umsetzen lässt.

Zusammenfassend lässt sich feststellen, dass sich in Abhängigkeit der zeitlichen Lastkurve zwei unterschiedliche stabile Strömungszustände ausbilden. Bei Lastverläufen, die von den bisher diskutierten Fällen abweichen, kam es teilweise zu einem sprunghaften Umschlag zwischen beiden Strömungszuständen. Dies macht deutlich wie sensibel die Strömung auf Änderungen der Lastverläufe

[†]Definition der Radbauteile siehe Abbildung 2.5

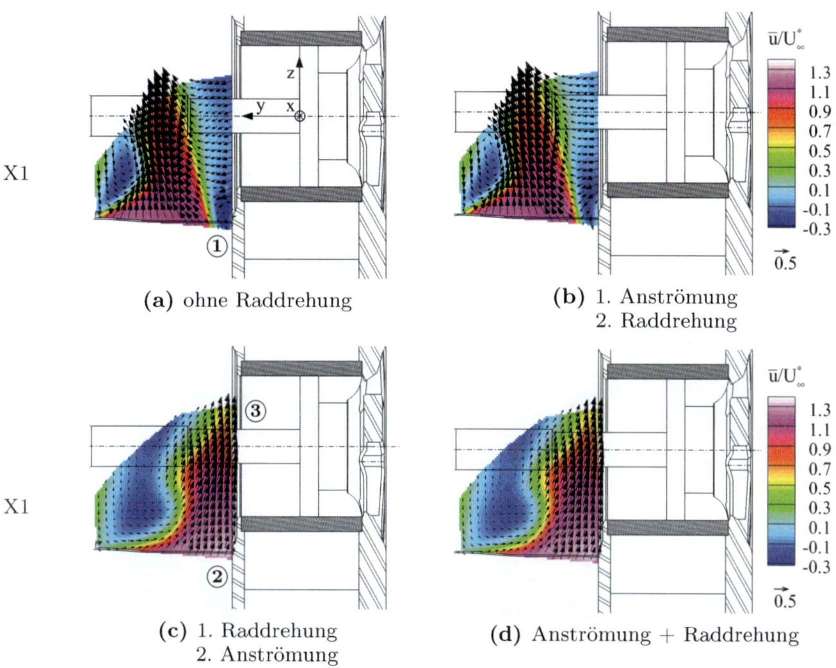

(a) ohne Raddrehung

(b) 1. Anströmung
2. Raddrehung

(c) 1. Raddrehung
2. Anströmung

(d) Anströmung + Raddrehung

Abbildung 5.4: Mittlere Geschwindigkeitsfelder im Messfenster X1 ($x = -80\,\mathrm{mm}$, Darstellung jedes 5. Vektors) in Abhängigkeit der gewählten Lastkurve (zeitliche Erhöhung von Anströmgeschwindigkeit und Raddrehzahl).

reagiert. Zudem deuten die Ergebnisse darauf hin, dass die Ablöseneigung an der inneren Flanke des Rades eng mit der Ablenkung des Luftstrahls nach oben ($+z$-Richtung) verknüpft ist. Vom rotierenden Rad wird infolge der Haftbedingung Fluid in Umfangsrichtung mitbefördert, so dass sich eine Impulswirkung in negative z-Richtung ergibt. Bei bestehender Raddrehung und anschließender Erhöhung der Anströmgeschwindigkeit (Abbildung 5.4c) sowie gleichzeitiger Erhöhung beider Parameter (Abbildung 5.4d) führt diese Impulswirkung zu einer früheren Ablösung am verrundeten Austritt des Luftführungskanals. Die daraus resultierende, verminderte Ablenkung des Luftstrahls in positive z-Richtung scheint ein Abreißen des Luftstrahls an der inneren Reifenschulter zu unterdrücken. Wird die Raddrehzahl erst nach Einstellung der Anströmgeschwindigkeit erhöht, hat sich bereits ein stabiler Strömungszustand in Form eines ausgeprägten Ablösegebietes an der inneren Reifenflanke ausgebildet, der durch die Raddrehung nicht mehr beeinflusst werden kann.

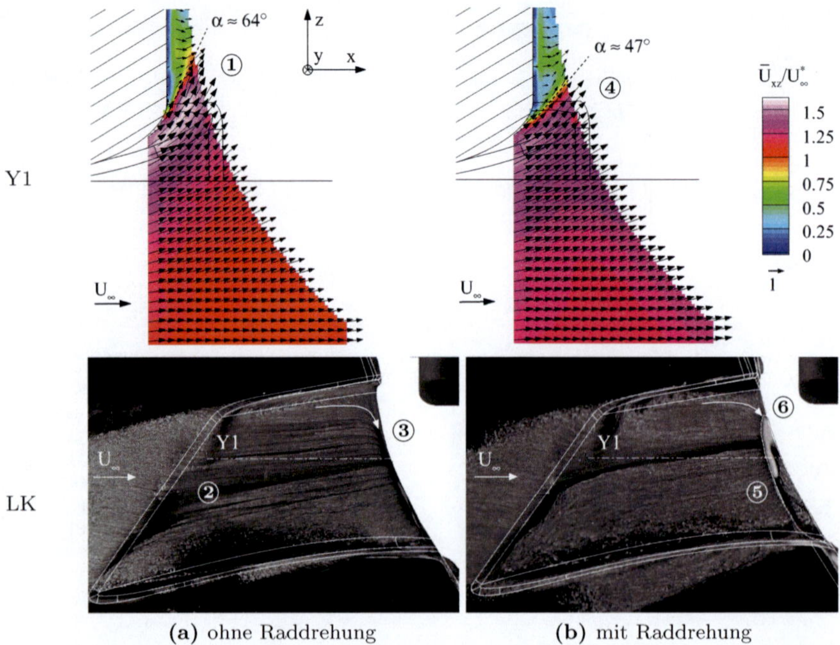

(a) ohne Raddrehung (b) mit Raddrehung

Abbildung 5.5: Mittlere Geschwindigkeitsfelder im Messfenster Y1 ($y = +65$ mm) und dazugehörige Ölanstrichbilder im Luftführungskanal LK (Darstellung jedes 5. Vektors): a) ohne Raddrehung, b) mit Raddrehung. Durch die Radrotation kommt es zu einer vorzeitigen Ablösung des Luftstrahls, die zu einem um ca. $\Delta\alpha \approx 17°$ verringerten Abströmwinkel führt.

Abströmung am Luftführungskanal

Zur weiteren Analyse des Strömungszustandes am Austritt des Luftführungskanals wurden die 2D2C-Geschwindigkeitsfelder im Messfenster Y1 vermessen und Strömungsvisualisierungen an der Kanalwand mit Hilfe von Ölanstrichbildern durchgeführt. Die Messergebnisse sind in Abbildung 5.5 für den Fall ohne und mit Raddrehung dargestellt. Die gemessenen Geschwindigkeitsverteilungen zeigen, dass die ungestörte Anströmung durch die abnehmende Bodenfreiheit am Vorderwagen stark beschleunigt wird. Durch den Venturi-Effekt übersteigen die Strömungsgeschwindigkeiten in Bodennähe für beide Lastfälle bereits deutlich die korrigierte Kanalgeschwindigkeit. Im nach unten offenen Luftführungskanal liegt die Strömung an und wird durch die Kanalkontur zunehmend nach oben (+z-Richtung) abgelenkt. An der Austrittsverrundung des Kanals liegt eine beschleunigte Strömung mit lokalen Geschwindigkeitsverhältnissen von bis zu

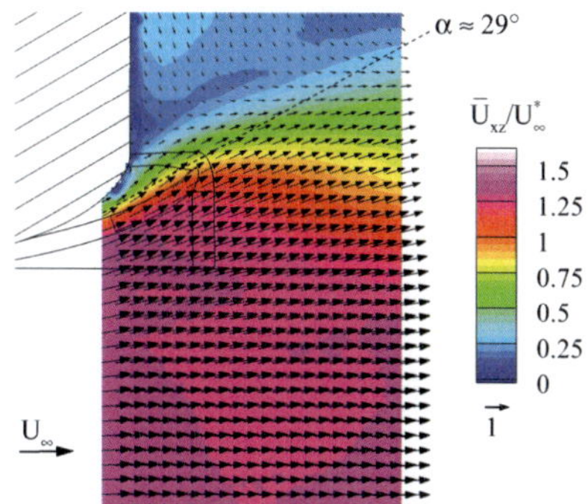

Abbildung 5.6: Mittleres Geschwindigkeitsfeld im Messfenster Y1 bei deinstalliertem Rad ($y = +65\,\mathrm{mm}$).

${}^{\overline{U}_{xz}}/_{U^*_\infty} \approx 1.59$ (ohne Raddrehung) bzw. ${}^{\overline{U}_{xz}}/_{U^*_\infty} \approx 1.49$ (mit Raddrehung) vor. Die Größe $\overline{U}_{xz}$ bezeichnet dabei den Betrag des mittleren Geschwindigkeitsvektors in der xz-Ebene.

Im Falle des stehenden Rades (Abbildung 5.5a) liegt der Luftstrahl lange an der konvexen Austrittskontur des Luftführungskanals an bevor er ablöst (①). Dieses Verhalten lässt sich auf die starke Beschleunigung des Luftstrahls im wandnahen Bereich zurückführen, die in einem negativen Druckgradienten und somit einer geringen Ablöseneigung des Strahls resultiert. Die Vergleichsmessung ohne Anwesenheit des Rades in Abbildung 5.6 macht deutlich, dass die beobachteten Übergeschwindigkeiten primär durch den Versperrungseffekt des Rades verursacht werden. Bei deinstalliertem Rad sinkt das Geschwindigkeitsniveau im wandnahen Bereich folglich deutlich ab, so dass der Ablösepunkt stromauf wandert.

Für das stehende Rad wird der Luftstrahl durch die späte Ablösung weit in positive z-Richtung abgelenkt, so dass sich ein hoher, zur Horizontalen gemessener Abströmwinkel von $\alpha \approx 64^\circ$ ergibt. Das dazugehörige Anstrichbild zeigt, dass die Anströmung am Eintritt des Luftführungskanals entsprechend der Kanalgeometrie in Richtung des Rades ($-y$-Richtung) umgelenkt wird (②). Im Kanal liegt die Strömung flächig an und löst – in Übereinstimmung mit der gemessenen Geschwindigkeitsverteilung – erst spät ab. Am Kanalaustritt deutet sich in der Nähe des Rades (③) bereits die beobachtete Ablösung an der inneren Reifenflanke in Form einer ausgeprägten Krümmung der Wandschubspannungslinien vom Rad weg ($+y$-Richtung) an.

Für den Fall mit Raddrehung (Abbildung 5.5b) löst der beschleunigte Luftstrahl bereits früher von der Austrittsverrundung des Luftführungskanals ab und wird daher weniger stark in positive z-Richtung abgelenkt (④). Die Ursache könnte darin begründet liegen, dass die Umfangsgeschwindigkeit des Rades und der Geschwindigkeitsvektor des Luftstrahls nahezu senkrecht zueinander stehen, so dass die vom Rad mitgeschleppte Fluidschicht und der daraus resultierende

Impuls eine vorzeitige Ablösung von der Austrittskontur provozieren. Dementsprechend nimmt der Abströmwinkel im Vergleich zum Fall ohne Raddrehung auf $\alpha \approx 47°$ ab. Der Luftstrahl trifft folglich unter einem kleineren Winkel und an einer tieferen vertikalen Position auf die Reifenschulter, wodurch sich die Ablösetendenz des Strahls an der inneren Reifenflanke – vermutlich infolge eines geringeren positiven Druckgradienten – vermindert. Im korrespondierenden Anstrichbild ist das vorzeitige Abreißen der Strömung deutlich anhand der Ablöselinie zu erkennen (⑤). Dabei fällt auf, dass die Wandschubspannungslinien in der Nähe der inneren Reifenschulter tendenziell wieder eine Krümmung nach außen ($+y$-Richtung) erfahren, die resultierende Ablenkung jedoch durch die vorzeitige Ablösung reduziert wird (⑥). Dies scheint eine weitere Ursache dafür zu sein, dass die für das stehende Rad beobachtete Ablösung an der inneren Reifenschulter unterdrückt wird.

Modifikation der Luftführungskanal-Geometrie

Um den Einfluss des Abströmwinkels auf die Ablöseneigung des Luftstrahls weiter zu untersuchen, wird im Folgenden die Auswirkung einer modifizierten Austrittsgeometrie untersucht. Da die Originalgeometrie am Austritt des Luftführungskanals eine starke Verrundung aufweist, löst die Strömung – wie im vorhergehenden Abschnitt diskutiert – für die Fälle ohne und mit Raddrehung nicht an einem definierten Punkt ab. Zur Unterdrückung dieses Effektes wurden am Luftkanalaustritt Abrisskanten modelliert, die den Luftstrahl zwingen sollen, für beide Lastfälle unter einem einheitlichen Winkel von $\alpha < 47°$ abzuströmen. Ziel ist es festzustellen, ob die Ablösung an der inneren Reifenschulter für den Fall ohne Raddrehung durch einen verringerten Abströmwinkel verhindert werden kann.

In Abbildung 5.7 sind die 2D-Geometrien der erzeugten Abrisskanten im Vergleich zur Originalgeometrie für die Ebene $y = +65\,\text{mm}$ dargestellt. Zur Vermeidung von Konturunstetigkeiten wurden die modellierten Abrisskanten entlang der Tangente des jeweiligen Startpunktes auf der Originalgeometrie ausgeführt. Um ausreichend Befestigungsfläche für die Modelliermasse zu gewährleisten, wurden Abrisskanten mit vergleichsweise geringen – zur Horizontalen gemessenen – geometrischen Austrittswinkeln von $\alpha_1 \approx 24°$ und $\alpha_2 \approx 12°$ gewählt. Darüber hinaus wurde für beide Abrisskanten die notwendige Bedingung erfüllt, dass die Startpunkte der modellierte Geometrien sich vor den Ablösepunkten ① (Ablösepunkt ohne Raddrehung) und ② (Ablösepunkt mit Raddrehung) auf der Originalgeometrie befinden.

In Abbildung 5.8 ist für die Fälle ohne und mit Raddrehung der Einfluss der unterschiedlichen Austrittsgeometrien auf die mittleren Geschwindigkeitsfelder im Messfenster X1 dargestellt. Die Messungen mit Abrisskante 1 zeigen für den Fall ohne Raddrehung im Vergleich zu den Referenzmessungen mit Originalgeometrie nur marginale Veränderungen des Strömungsbildes. Das Ablösegebiet an

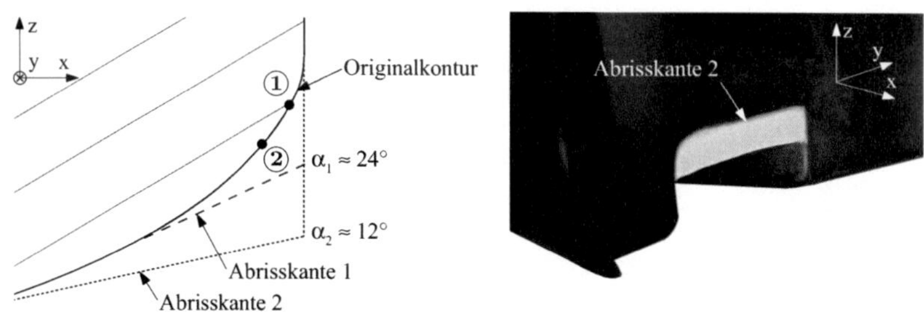

Abbildung 5.7: Modifikation der Austrittsgeometrie des Luftführungskanals mit Hilfe von Modelliermasse. Durch die veränderte Geometrie soll die Strömung bei einem definierten Winkel von $\alpha_1 \approx 24\,°$ (Abrisskante 1) bzw. $\alpha_2 \approx 12\,°$ (Abrisskante 2) abreißen. ① kennzeichnet den Ablösepunkt an der Originalkontur ohne Raddrehung, ② den Ablösepunkt mit Raddrehung (Ebene $y = +65\,\mathrm{mm}$).

der inneren Reifenflanke (①) ist weiterhin vorhanden, hat in seiner Ausdehnung jedoch leicht abgenommen. Dies deutet darauf hin, dass der Luftstrahl am Kanalaustritt nicht tangential unter einem Winkel von ca. 24 ° abströmt, sondern trotz der modellierten Abrisskante noch deutlich nach oben abgelenkt wird. In der betrachteten Messebene hat sich die Ausbreitung des Strahles in positive z-Richtung daher lediglich geringfügig verringert (②).

Für den Fall mit Raddrehung zeigt sich im Vergleich zur Referenzmessung ein vergleichbares Strömungsverhalten. Der Luftstrahl liegt weiter an der inneren Reifenflanke an (③) und strömt in Richtung des Felgentopfes. Die Ausdehnung des Strahles in positive z-Richtung und die dazugehörige Geschwindigkeitskomponente $\overline{w}$ in der Messebene haben sich durch den verringerten Austrittswinkel jedoch merklich reduziert (④). Daher ist zu vermuten, dass die Strömung in diesem Fall nahezu tangential am Kanalaustritt abströmt. An der seitlichen Begrenzung des Luftstrahls hat sich ein gegen den **U**hr**z**eiger**s**inn (UZS) drehender Wirbel gebildet (⑤ und ⑨), dessen Entstehung scheinbar durch die Abnahme des Abströmwinkels begünstigt wird. Diese führt zu einer verstärkten Ausdehnung des Luftstrahls in positive y-Richtung, so dass sich infolge der abwärtsgerichteten Strömung an der inneren Radhauswand (⑥) Scherschichten bilden, die dem Wirbel Energie zuführen und dessen Ausprägung verstärken.

Die weitere Reduktion des Kanalaustrittswinkels (Abrisskante 2) bewirkt für den Fall ohne Raddrehung eine deutliche Änderung des Strömungszustands. Die bislang vorherrschende Strömungsablösung an der inneren Reifenschulter wird jetzt vollständig unterdrückt (⑦), so dass sich ein zum Fall mit Raddrehung vergleichbarer Strömungszustand einstellt. Im Vergleich zu den Messungen mit Abrisskante 1 hat sich die Ablenkung des Luftstrahls in positive z-Richtung – hervorgerufen durch ein tangentiales Abströmverhalten am Kanalaustritt – signifikant vermindert (⑧). Darüber hinaus lässt sich das für diesen Strömungs-

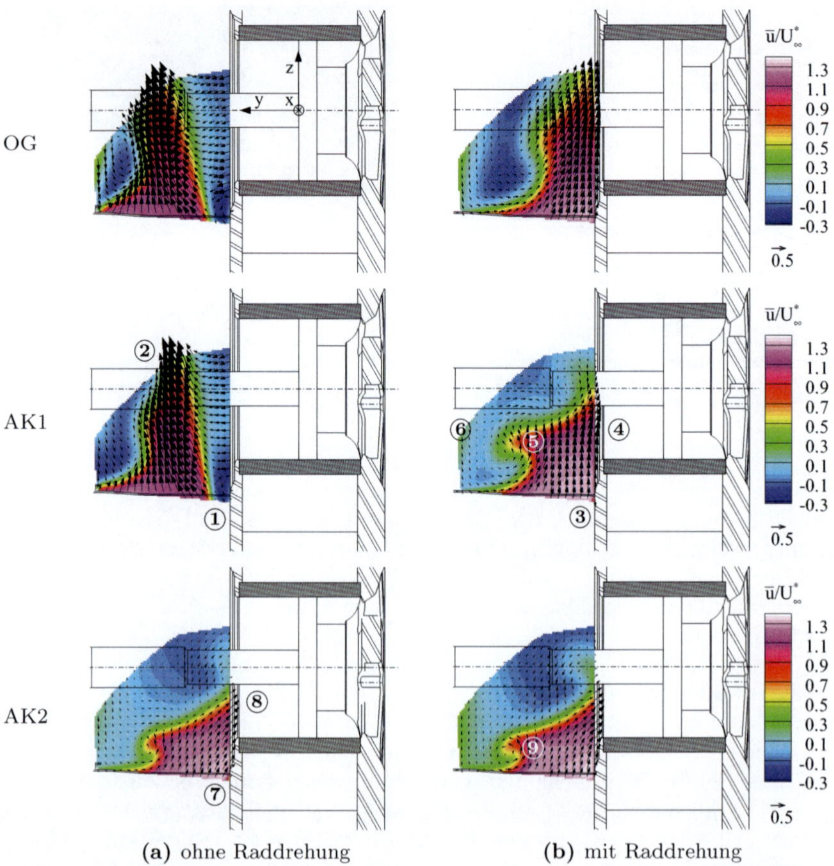

Abbildung 5.8: Mittlere Geschwindigkeitsfelder im Messfenster X1 ($x = -80\,\text{mm}$) in Abhängigkeit der Austrittsgeometrie (**O**riginal**g**eometrie (OG), **A**briss**k**ante **1** (AK1), **A**briss**k**ante **2** (AK2)) des Luftführungskanals (Darstellung jedes 5. Vektors): a) ohne Raddrehung, b) mit Raddrehung.

zustand bereits beobachtete Einströmen in den Felgentopf erkennen.

Im direkten Vergleich zu den korrespondierenden Messungen mit Raddrehung wird offensichtlich, dass sich die Strömungscharakteristik nun sehr stark ähnelt. Lediglich im Detail lassen sich noch geringfügige Unterschiede im Strömungsfeld erkennen, die aus zusätzlichen, durch die Raddrehung verursachten Strömungseffekten – wie beispielsweise das Mitschleppen von Fluidschichten an den Wänden aller rotierenden Bauteile – resultieren.

Lastfall	Originalkontur		Abrisskante 1		Abrisskante 2	
	α [°]	Zustand	α_1 [°]	Zustand	α_2[°]	Zustand
ohne Raddrehung	64	Ⓑ	24†	Ⓑ	12	Ⓐ
mit Raddrehung	47	Ⓐ	24	Ⓐ	12	Ⓐ

†der geometrische Austrittswinkel α_1 entspricht in diesem Fall nicht dem tatsächlichen Abströmwinkel α am Kanalaustritt

Tabelle 5.2: Einfluss der Austrittsgeometrie des Luftführungskanals, des Winkels α (gemessener Strömungswinkel) bzw. $\alpha_{1,2}$ (geometrischer Austrittswinkel) und der Raddrehung auf die Ablösetendenz des Luftstrahls an der inneren Reifenschulter: Ⓐ keine Strömungsablösung, Ⓑ Strömungsablösung.

In Tabelle 5.2 ist der Einfluss der Austrittsgeometrie und des Abströmwinkels auf die Ablöseneigung des Luftstrahls an der inneren Reifenschulter noch einmal für beide Lastfälle zusammengestellt. Aus den Ergebnissen lässt sich ableiten, dass der Abströmwinkel am Austritt des Luftführungskanals für den vorliegenden Testfall der primäre Einflussparameter auf den sich ausbildenden Strömungszustand ist. Durch die Modifizierung der Austrittsgeometrie wird im Fall von Abrisskante 2 ein definierter Abströmwinkel von ca. 12° erzwungen, aus dem für beide Lastfälle eine an der inneren Reifenflanke anliegende Strömung resultiert. Für die Messungen mit Abrisskante 1 wird im Fall ohne Raddrehung kein definiertes Abströmen unter dem geometrischen Austrittswinkel von 24° erreicht. Dies zeigt sich anhand einer weiterhin vorhandenen, ausgeprägten Ablenkung des Luftstrahls in positive z-Richtung, die eine anliegende Strömung an der inneren Reifenflanke verhindert.

Neben dem hier diskutierten Einfluss des Abströmwinkels begünstigen vermutlich weitere, aus der Raddrehung resultierende Sekundäreffekte eine anliegende Strömung an der inneren Reifenflanke. Zu diesen Sekundäreffekten zählt beispielsweise ein im Vergleich zum stehenden Rad erhöhter Strömungstransport durch die Felgenöffnungen, der in Kapitel 5.2.3 näher betrachtet wird. Des Weiteren wird im bodennahen Bereich durch die vom drehenden Reifen mitgeschleppte Fluidschicht eine zusätzliche Impulskomponente in Hauptströmungsrichtung erzeugt, die die Ablöseneigung im unteren Bereich des Rades vermutlich reduziert.

Weitere Sensitivitäten

Ergänzend zu den bereits diskutierten Einflussfaktoren (zeitlicher Lastverlauf von Anströmgeschwindigkeit und Raddrehung, Abströmwinkel am Luftführungskanal) wird in diesem Abschnitt der Einfluss weiterer Versuchsrandbedingungen auf die Bremsscheibenanströmung untersucht.

Wie in Kapitel 2.3.2 diskutiert, befindet sich zwischen Rad und Bodenplatte ein 1.5 mm breiter Spalt, der für die Lastfälle mit Raddrehung eine Beschädigung der empfindlichen Acrylglas-Laufflächen des Rades verhindern soll. Um sicher-

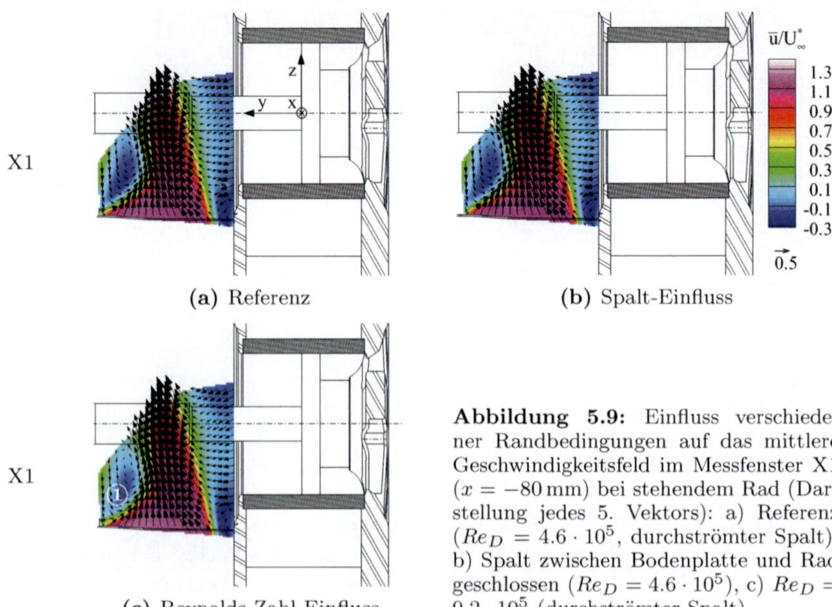

(a) Referenz

(b) Spalt-Einfluss

(c) Reynolds-Zahl-Einfluss

Abbildung 5.9: Einfluss verschiedener Randbedingungen auf das mittlere Geschwindigkeitsfeld im Messfenster X1 ($x = -80\,\mathrm{mm}$) bei stehendem Rad (Darstellung jedes 5. Vektors): a) Referenz ($Re_D = 4.6 \cdot 10^5$, durchströmter Spalt), b) Spalt zwischen Bodenplatte und Rad geschlossen ($Re_D = 4.6 \cdot 10^5$), c) $Re_D = 9.2 \cdot 10^5$ (durchströmter Spalt).

zustellen, dass die Durchströmung des Spaltes keine Beeinflussung der Bremsscheibenanströmung und -umströmung nach sich zieht, wurden für den Fall ohne Raddrehung Messungen mit einem abgedichteten Spalt durchgeführt. Abbildung 5.9b zeigt das entsprechende mittlere Geschwindigkeitsfeld im Messfenster X1. Gegenüber der Referenzmessung (Abbildung 5.9a) lassen sich sowohl in der Strömungscharakteristik als auch im absoluten Geschwindigkeitsniveau keine Unterschiede feststellen. Die Durchströmung des Spaltes zwischen Rad und Bodenplatte hat somit für den Fall ohne Raddrehung keine Auswirkung auf das Strömungsfeld im Bereich der Bremsscheibe. Eine Untersuchung des Spalteinflusses mit Raddrehung war aus oben genannten Gründen nicht möglich. Die am stehenden Rad festgestellten identischen Strömungsverhältnisse bei abgedichtetem Spalt deuten jedoch darauf hin, dass die Ergebnisse auch auf den Fall mit Raddrehung übertragbar sind.

Zur Untersuchung möglicher Reynolds-Zahl-Effekte auf die Bremsscheibenanströmung wurden zudem Messungen bei einer Kanalgeschwindigkeit von $U_\infty = 48.6\,\mathrm{m/s}$ durchgeführt. Dies entspricht einer Zunahme der mit dem Raddurchmesser gebildeten Reynolds-Zahl von $Re_D = 4.6 \cdot 10^5$ auf $Re_D = 9.2 \cdot 10^5$. Die Messungen konnten ebenfalls nur mit stehendem Rad realisiert werden, da die notwendige Raddrehzahl von $n = 3304\,\mathrm{min}^{-1}$ mit der verwendeten Antriebseinheit technisch nicht umgesetzt werden konnte. In Abbildung 5.9c ist das Strömungsfeld im Messfenster X1 für $Re_D = 9.2 \cdot 10^5$ dargestellt. Auch für die erhöhte Reynolds-Zahl lässt sich wieder die prägnante Strömungsablösung an der inneren Reifenschulter beobachten. Insgesamt zeigt sich gegenüber dem Referenzfall eine vergleichbare Strömungscharakteristik. Lediglich in Teilbereichen (①) lassen sich für die normierte Geschwindigkeitskomponente $\overline{u}/U^*_\infty$ minimale Abweichungen gegenüber dem Referenzfall feststellen. Damit bestätigen die Messungen die Untersuchungsergebnisse von Cogotti (1983) und Oswald und Browne (1981), die für $Re_D \geq 2 \cdot 10^5$ ebenfalls keinen signifikanten Einfluss der Reynolds-Zahl auf die Strömungsverhältnisse im Radhaus feststellen konnten.

Entwicklung des Luftstrahls in Hauptströmungsrichtung

In Abbildung 5.10 ist die gesamte Entwicklung des im Luftführungskanal gebildeten Strahls in x-Richtung anhand der Messfenster X1–X4 ($x = -80\,\text{mm}$ bis $x = +80\,\text{mm}$, von unten nach oben) für die Fälle ohne (5.10a) und mit Raddrehung dargestellt (5.10b).

Für den Fall ohne Raddrehung lässt sich im Messfenster X1 die bereits diskutierte Ablösung des Luftstrahls an der inneren Reifenschulter beobachten. Im Bereich des Strahls wird die Strömung in Hauptströmungsrichtung auf maximale Geschwindigkeiten von $\overline{u}/U^*_\infty \approx 1.18$ beschleunigt. Im Nahwandbereich der inneren Reifenflanke zeigt sich ein ausgeprägtes Rückstromgebiet mit negativen Geschwindigkeiten von bis zu $\overline{u}/U^*_\infty \approx -0.32$ (①). Auf der gegenüberliegenden Seite lässt sich zwischen Radhauswand und Luftstrahl ebenfalls ein Bereich mit geringfügiger Rückströmung beobachten (②). Ferner bildet sich in diesem Gebiet eine gegen den UZS drehende Wirbelstruktur aus. Diese wird durch die ausgeprägten Scherschichten zwischen abwärtsgerichteter Strömung in Wandnähe und dem schräg noch oben strömenden Luftstrahl begünstigt.

Infolge der Ablösung an der inneren Reifenschulter verschiebt sich der Luftstrahl mit zunehmendem Verlauf (Messfenster X2) in positive y-Richtung und entfernt sich somit weiter vom Rad (③). Die beobachteten Rückstromgebiete schwächen sich im Weiteren deutlich ab und sind in Messfenster X2 nur noch in Teilbereichen erkennbar. Der diagonal aufwärts strömende Luftstrahl trifft im Folgenden auf die Antriebswelle, so dass die Ausdehnung des Strahles in positive x-Richtung als Folge des Nachlaufgebietes hinter der Welle deutlich reduziert wird (Messfenster X3, ④). Darüber hinaus ist festzustellen, dass der Strahl jetzt zunehmend in Richtung des Rades bzw. des Felgentopfes umgelenkt wird (⑤). Die Ursache hierfür liegt darin begründet, dass die Strömung im Radhaus durch die im Vorderwagenbereich infolge der Verdrängungswirkung stark beschleunigte Außenströmung und dem daraus resultierenden Unterdruckfeld tendenziell aus dem Radhaus heraustransportiert wird (Hucho 2005). Demzufolge erfährt der Luftstrahl eine entsprechende Umlenkung in negative y-Richtung, die im Messfenster X4 verstärkt zu erkennen ist. Trotz dieser Umlenkung strömt ein Großteil des Massenstroms an der Felge vorbei und tritt scheinbar erst hinter dem Rad

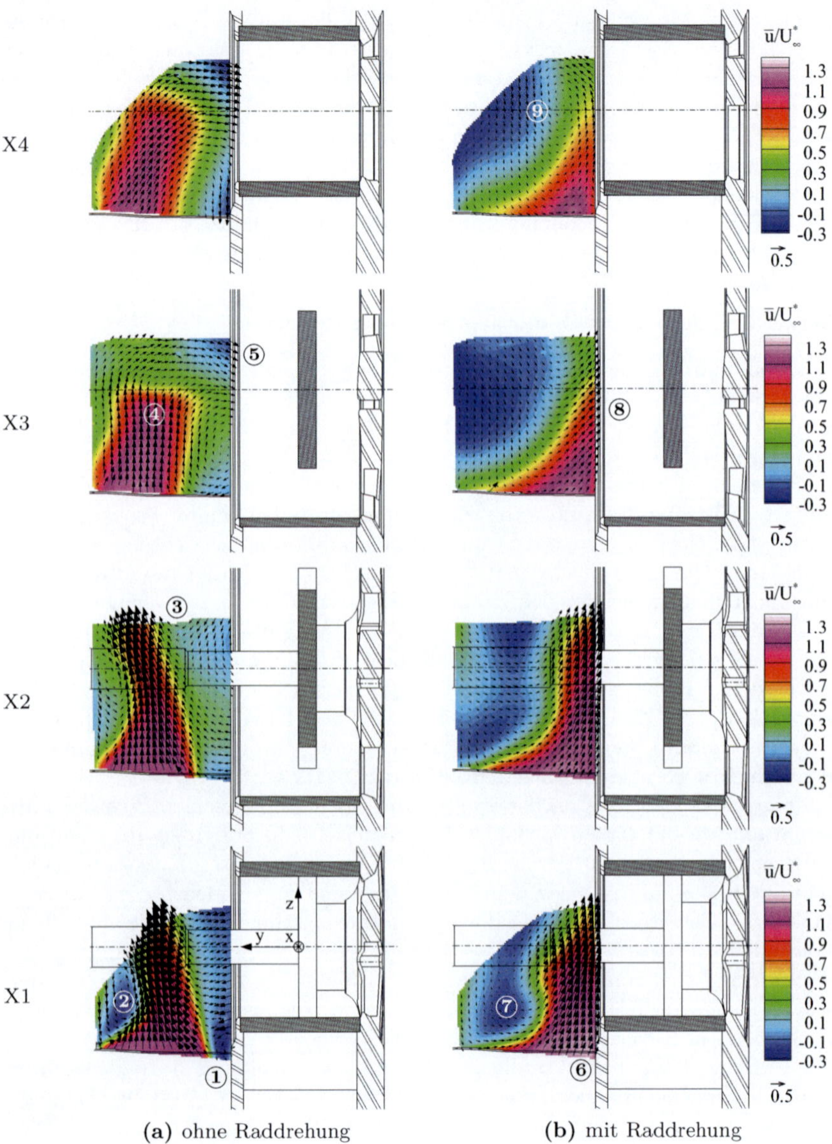

Abbildung 5.10: Mittlere Geschwindigkeitsfelder in den Messfenstern X1 – X4 ($x = -80\,\text{mm}$ bis $x = +80\,\text{mm}$) mit Blick in Strömungsrichtung (Darstellung jedes 5. Vektors): a) ohne Raddrehung, b) mit Raddrehung.

aus dem Radhausspalt aus.

Wie bereits in den vorherigen Abschnitten erläutert, bildet sich für den Fall mit Raddrehung ein signifikant geänderter Strömungszustand aus. Der Luftstrahl liegt nun an der inneren Reifenflanke an (Messfenster X1, ⑥) und wird dabei auf maximale Geschwindigkeiten von bis zu $\overline{u}/U^*_\infty \approx 1.32$ beschleunigt. Der Hauptteil des Strahls tritt in den Felgentopf ein und strömt in Richtung der Bremsscheibe. Im Bereich zwischen Radhauswand und Luftstrahl bildet sich im Vergleich zum stehenden Rad ein wesentlich größeres Rückstromgebiet aus, in dem negative Geschwindigkeiten von bis zu $\overline{u}/U^*_\infty \approx -0.22$ erreicht werden. In direkter Nähe zur Radhauswand ist die Strömung – wie schon im Fall ohne Raddrehung beobachtet – abwärts gerichtet. Dieses Strömungsverhalten zeigte sich bereits in den von Fabijanic (1996) an einem generischen Radhausmodell durchgeführten Untersuchungen.

Mit zunehmender Lauflänge nimmt die Ausdehnung des Luftstrahls in y-Richtung ab, da bereits ein Großteil des Strahls in den Felgentopf eingeströmt ist und daher nicht mehr vom betrachteten Messfeld erfasst wird. Der verbleibende Teil des Strahls trifft im Folgenden auf die Antriebswelle, so dass die Ausdehnung des Strahls in positive x-Richtung durch den sich ausbildenden Nachlauf verringert wird (Messfenster X3, ⑧). Das bereits erwähnte Rückstromgebiet zwischen Radhauswand und Luftstrahl bleibt im Gegensatz zum Fall ohne Raddrehung über die gesamte Entwicklung in x-Richtung erhalten. Ferner ist die Strömung in diesem Bereich verstärkt abwärts gerichtet, so dass die resultierenden Scherschichten eine markante, gegen den UZS drehende Wirbelstruktur generieren (Messfenster X4, ⑨).

5.2.2 Strömungsfeld im Bereich der Bremsscheibe

Anhand der horizontal ausgerichteten Messebenen soll in diesem Abschnitt eine Übersicht über das Strömungsfeld in direkter Nähe der Bremsscheibe gegeben werden. In Abbildung 5.11 sind die mittleren Geschwindigkeitsfelder für die Messebenen $z = -55\,\text{mm}$, $z = 0\,\text{mm}$ und $z = +55\,\text{mm}$ (von unten nach oben) für den Fall ohne (5.11a) und mit Raddrehung (5.11b) dargestellt. Dabei zeigt sich im Vergleich beider Lastfälle auf den ersten Blick eine deutliche Änderung der Strömungstopologie, die vor allem aus dem unterschiedlichen Verlauf des im Luftführungskanal gebildeten Luftstrahls resultiert.

Für den Fall ohne Raddrehung strömt der aus dem Luftführungskanal austretende Luftstrahl diagonal aufwärts und löst – konsistent zu den Ergebnissen in den Messfenstern X1–X4 – an der inneren Reifenschulter des Rades ab (5.11a, ①). Im weiteren Verlauf erfährt der Strahl infolge des ausgeprägten Ablösegebietes eine Ablenkung vom Rad weg ($+y$-Richtung). Dabei fällt auf, dass der Luftstrahl im oberen Messschnitt ($z = +55\,\text{mm}$) wieder größtenteils an der inneren Reifenflanke anliegt (5.11a, ②). Dies deutet darauf hin, dass im oberen Bereich des Rades ein Teil der Strömung – durch die beschleunigte Außenströmung

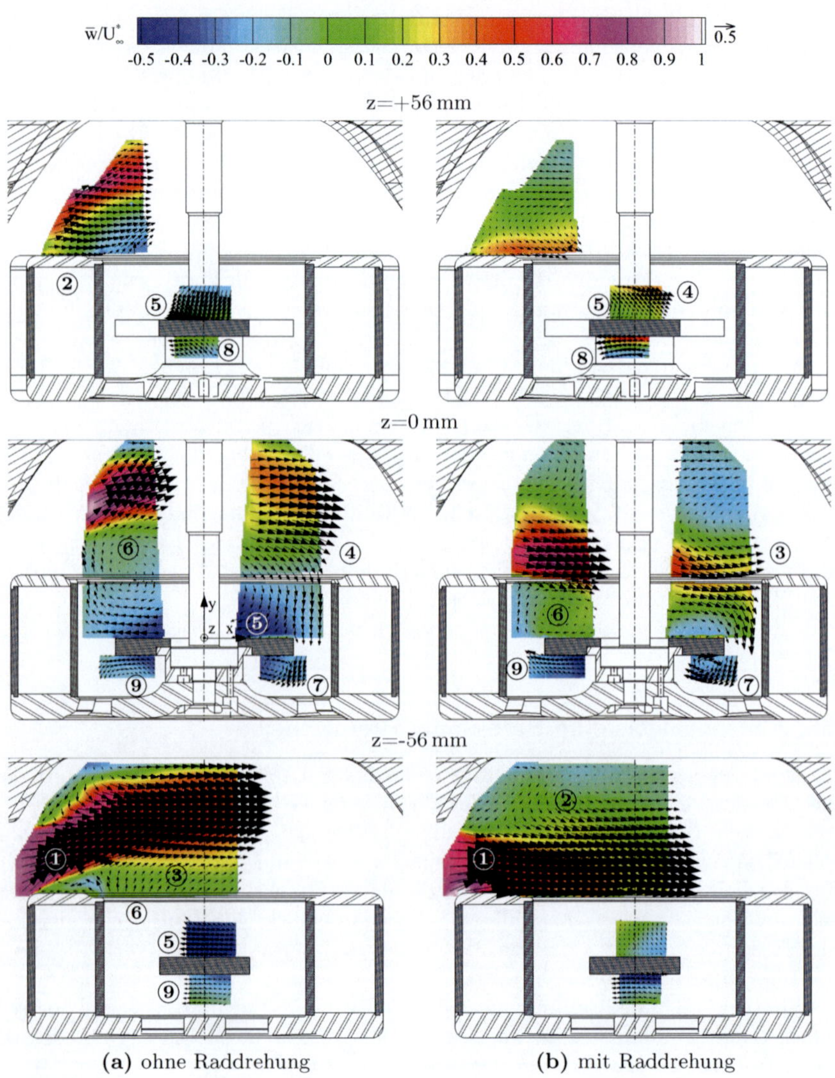

Abbildung 5.11: Mittlere Geschwindigkeitsfelder in den Messebenen $z = -56\,\text{mm}$, $z = 0\,\text{mm}$ und $z = +56\,\text{mm}$ (Darstellung jedes 6. Vektors (Messfenster Z1-Z4, z1-z4) bzw. jeden 15. Vektors (Messfenster z2'-z4')): a) ohne Raddrehung, b) mit Raddrehung.

und das daraus resultierende Unterdruckgebiet im Bereich der Radaußenfläche – über die innere Reifenschulter hinweg gelenkt und durch den oberen Radhausspalt nach außen transportiert wird. Die korrespondierenden Ölanstrichbilder im Radhaus (siehe Kapitel 5.3) als auch die numerischen Strömungssimulationen von Körner (2009) bestätigen diese Vermutung.

An den Strahlrändern kommt es durch die starke Scherung zu ausgeprägten turbulenten Schwankungsbewegungen und einem seitlichen Impulsaustausch, der – ähnlich zu den Strömungsverhältnissen bei einem Freistrahl – ein Teil des umgebenden Fluids mitreißt. Dieser Einmischeffekt[†] ist an den Rändern des Luftstrahls deutlich zu erkennen (5.11a, ③) und führt zu einer Zunahme des Massenstroms in Strömungsrichtung. Mit zunehmender Lauflänge trifft der aufwärts strömende Luftstrahl auf die Antriebswelle und wird schließlich im hinteren Bereich des Radhauses in Richtung des Reifens bzw. des hinteren Radhausspaltes gelenkt (5.11a, ④). Daher ist ein Teil des Luftstrahls zum Felgentopf hin gerichtet und wird an der Innenwand der Felge in Richtung der Bremsscheibe umgelenkt. Ein Großteil dieses Massenstroms trifft im Folgenden auf die Innenseite der Bremsscheibe und strömt – entgegen der ursprünglichen Richtung des Luftstrahls – diagonal abwärts nach vorne ($-x$-Richtung, 5.11a, ⑤). Die Rückströmung wird an der Innenwand der Felge wieder in Richtung des Hauptstrahls gelenkt, so dass sich auf der Innenseite der Bremsscheibe ein bis zum Strahl hin ausgedehntes Rezirkulationsgebiet einstellt (5.11a, ⑥). Die Rezirkulation im Felgentopf wird zusätzlich durch den Einmischeffekt des Luftstrahls und dem daraus resultierenden, induzierten Geschwindigkeitsfeld gefördert.

Der verbleibende Teil des in den Felgentopf umgelenkten Luftstrahls strömt seitlich an der Bremsscheibe vorbei und erzeugt auf der Außenseite der Scheibe einen Wirbel (5.11a, ⑦). Im Folgenden tritt ein Teil des Fluids aus den Felgenöffnungen aus und wird an die Außenumströmung abgegeben. Generell lässt sich in der unteren ($z = -55\,\mathrm{mm}$) und insbesondere der mittleren Messebene ($z = 0\,\mathrm{mm}$) ein Strömungstransport durch die Felgenöffnungen in Richtung der Außenströmung feststellen (5.11a, ⑦ und ⑨), während die Luft im oberen Schnitt ($z = +55\,\mathrm{mm}$) tendenziell einströmt (5.11a, ⑧). Im Nahbereich der Bremsscheiben-Außenseite zeigt sich – ähnlich den Strömungsverhältnissen an der Innenseite – eine tendenziell abwärts nach vorne ($-x$-Richtung) gerichtete Strömung (5.11a, ⑨).

Im Falle des drehenden Rades liegt der Luftstrahl – wie bereits in den Messfenstern X1–X4 beobachtet – an der inneren Reifenflanke an und strömt in den Felgentopf hinein (5.11b, ①). An den Strahlrändern ist wieder ein ausgeprägter Einmischeffekt zu erkennen, der ein Teil des sich nahezu in Ruhe befindenden, umgebenden Fluids in Hauptströmungsrichtung des Strahls mitfördert (5.11b, ②). Der diagonal aufwärts strömende Strahl passiert im weiteren Verlauf die Antriebswelle und trifft schließlich auf die Hinterkante der Bremsscheibe und die

[†]englisch: entrainment

Innenwand der Felge (5.11b, ③). Dabei zeigt sich, dass der Luftstrahl im oberen Bereich des Felgentopfes die Bremsscheibe ($z = +55$ mm, 5.11b, ④) an der Hinterkante trifft, während er im unteren Bereich ($z = -55$ mm) weniger stark in den Felgentopf gelenkt wird und folglich an der Bremsscheibe vorbeiströmt. Ein Teil des schräg auf die Bremsscheibe auftreffenden Luftstrahls wird an der Scheibenoberfläche umgelenkt und strömt nach vorne in negative x-Richtung (5.11b, ⑤). In der oberen Messebene beträgt der Winkel des Strahls relativ zur Scheibenoberfläche etwa 45 ° , so dass in diesem Bereich – nach einer einfachen Impulsbetrachtung – ca. 15% des Massenstroms nach vorne strömen. Die Rückströmung an der Bremsscheibe verläuft im Gegensatz zum stehenden Rad nahezu horizontal und ist nur geringfügig abwärts gerichtet. Ein Teil des Fluids wird infolge der Rückströmung wieder dem Hauptstrahl zugeführt, so dass sich – wie schon für den Fall ohne Raddrehung beobachtet – ein Rezirkulationsgebiet ergibt, dessen Ausdehnung jedoch wesentlich geringer ausfällt (5.11b, ⑥).

Die Strömungsgeschwindigkeiten an der Innenseite der Bremsscheibe sind im Vergleich zum Fall ohne Raddrehung deutlich vermindert, da ein Großteil des auf die Innenseite der Felge treffenden Luftstrahls seitlich an der Bremsscheibe vorbeigeführt wird. Dieser Effekt wird durch die Rotation der Speichen und dem daraus resultierenden, erhöhten Strömungstransport durch die Felgenöffnungen unterstützt (siehe auch Kapitel 5.2.3). Auf der Außenseite der Bremsscheibe wird durch das vorbeiströmende Fluid wiederum ein Wirbel erzeugt, dessen Ausprägung durch die erhöhten Strömungsgeschwindigkeiten jedoch deutlich stärker ausfällt (5.11b, ⑦). Ein Teil der Strömung tritt im Weiteren – wie tendenziell auch im oberen Bereich der Felge (5.11b, ⑧) zu beobachten – aus den Felgenöffnungen aus. Im vorderen Bereich der Felge ist dagegen ein Einströmen von Fluid zu erkennen, das dem Rezirkulationsgebiet auf der Innenseite der Bremsscheibe zugeführt wird (5.11b, ⑨). Grundsätzlich zeigt sich auf der Außenseite der Bremsscheibe – ähnlich wie beim stehenden Rad – eine diagonal abwärts noch vorne ($-x$-Richtung) gerichtete Strömung. Dabei sind die Strömungsgeschwindigkeiten im Vergleich zum Fall ohne Raddrehung leicht gestiegen, da ein erhöhter Massenstrom an der Bremsscheibe vorbei (5.11b, ⑦) in den Bereich zwischen Felgenöffnungen und Außenseite der Bremsscheibe geführt wird.

Abbildung 5.12 zeigt die korrespondierende Verteilung der turbulenten kinetischen Energie k in den Messebenen $z = -55$ mm, $z = 0$ mm und $z = +55$ mm (von unten nach oben) für den Fall ohne (5.12a) und mit Raddrehung (5.12b). Im Allgemeinen lässt sich für beide Lastfälle an den seitlichen Begrenzungen des Luftstrahls eine signifikante Erhöhung der turbulenten kinetischen Energie feststellen, die aus den in den Scherschichten erzeugten Turbulenzstrukturen resultiert. Während die Durchmischungszone für das stehende Rad auf schmale, langsam anwachsende Bereiche begrenzt ist (①), zeigt die Strömung im Fall mit Raddrehung in der unteren Messebene ($z = -55$ mm) nahezu im gesamten Bereich zwischen Radinnenseite und hinterer Radhauswand einen stark instationären Charakter (②).

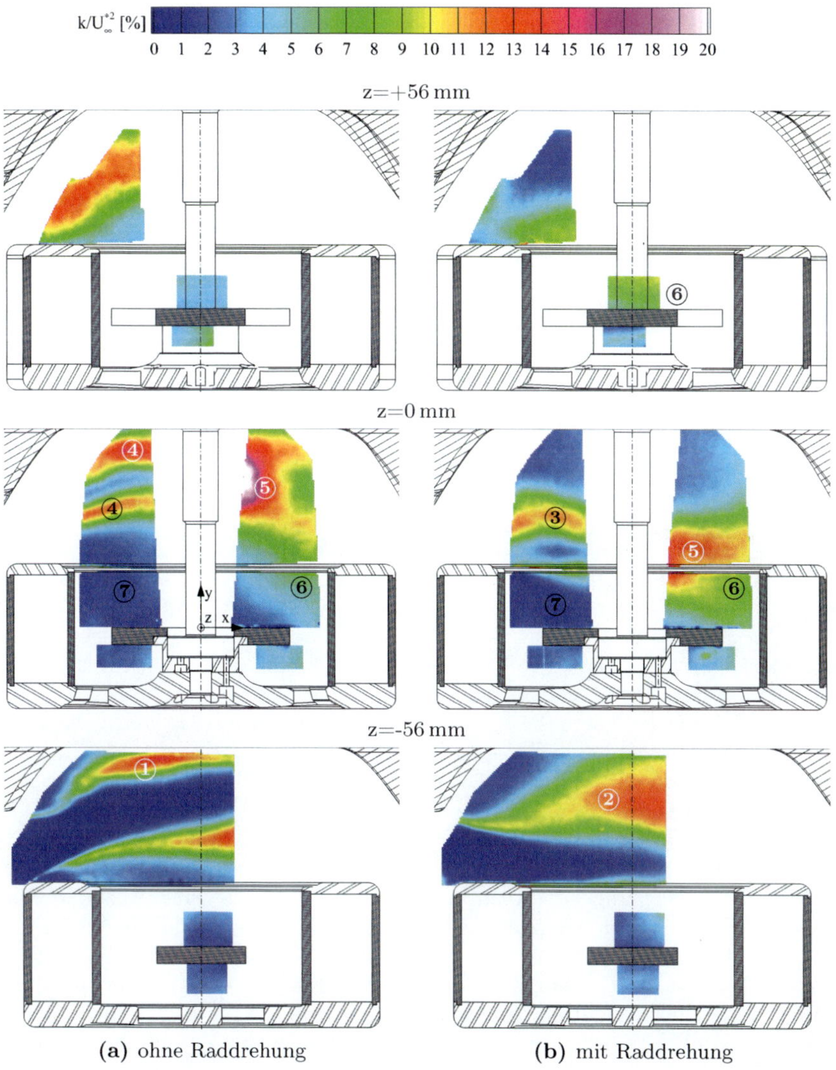

(a) ohne Raddrehung **(b)** mit Raddrehung

Abbildung 5.12: Verteilung der turbulenten kinetischen Energie k in den Messebenen $z = -56\,\text{mm}$, $z = 0\,\text{mm}$ und $z = +56\,\text{mm}$: a) ohne Raddrehung, b) mit Raddrehung.

Im Mittelschnitt ($z = 0\,\text{mm}$) liegt die normierte turbulente kinetische Energie an den Strahlrändern nach einer Lauflänge von etwa der doppelten Kanalbreite im Bereich zwischen 11% (mit Raddrehung, ③) und 12–13.5% (ohne Raddrehung, ④). Diese Werte liegen geringfügig über den in der Literatur zu findenden Messergebnissen für Untersuchungen im Nahfeld eines Freistrahls. Nach den Messungen von Boguslawski und Popiel (1979) steigt die Turbulenzenergie in der Durchmischungszone eines axialsymmetrischen Freistrahls nach einer Lauflänge von zwei Düsendurchmessern auf Werte von etwa 10% an. Die im vorliegenden Fall leicht erhöhte turbulente kinetische Energie lässt sich vermutlich auf großskalige Wirbelstrukturen zurückführen, welche die stochastischen Fluktuationen in den Scherschichten des Luftstrahls überlagern.

Neben den Strahlrandbereichen ergibt sich insbesondere im Nachlauf der Antriebswelle eine hohe turbulente kinetische Energie von bis zu $k/U_\infty^{*2} \approx 22\%$ (⑤). Darüber hinaus zeigt die Strömung im Bereich zwischen Hinterkante der Bremsscheibe und Innenwand der Felge (⑥) eine erhöhte Turbulenz, die aus dem hier auftreffenden Luftstrahl resultiert. Das vergleichsweise geringe Turbulenzniveau in den beobachteten Rezirkulationsgebieten (⑦) deutet dagegen darauf hin, dass sich in diesem Bereich ein weitestgehend stabiler Strömungszustand einstellt.

Geschwindigkeitsprofile an der Bremsscheibe

Zur weiteren Untersuchung der Grenzschichteigenschaften an der Bremsscheibe wurden an den Positionen P1–P4 (Innenseite) bzw. P1'–P4' (Außenseite) für den Fall ohne und mit Raddrehung Geschwindigkeitsprofile extrahiert. Die gewählten Positionen korrespondieren mit den im ersten Testfall gewählten Punkten auf dem generischen Bremsscheibenmodell, siehe auch Abbildung 5.3.

In Abbildung 5.13 sind die Profile der einzelnen Geschwindigkeitskomponenten $\overline{u}$, $\overline{v}$ und $\overline{w}$ sowie des Geschwindigkeitsbetrages $\overline{U}$ für die Bremsscheiben-Innenseite dargestellt. Aufgrund der Haftbedingung ergibt sich für den Fall mit Raddrehung bei $y = 0\,\text{mm}$ für die Geschwindigkeitskomponenten $\overline{u}$ (Position P1/P3) bzw. $\overline{w}$ (Position P2/P4) die lokale Umfangsgeschwindigkeit der Scheibe. Generell zeigt sich im Vergleich beider Lastfälle ein deutlicher Unterschied des erreichten Geschwindigkeitsniveaus im Nahfeld der Bremsscheibe. Außerhalb der Grenzschicht liegen die maximal erreichten Strömungsgeschwindigkeiten für das stehende Rad im Bereich von $\overline{U}/U_\infty^* \approx 0.4$–$0.65$, während die Geschwindigkeiten für den Fall mit Raddrehung mit $\overline{U}/U_\infty^* \approx 0.1$–$0.25$ wesentlich geringer ausfallen. Dieser Effekt beruht auf der Tatsache, dass sich im Fall ohne Raddrehung ein ausgeprägtes Rezirkulationsgebiet im Felgentopf ausbildet, das gleichmäßig Luft an der Bremsscheibe entlangführt (siehe 5.11a, ⑤ und ⑥). Für den Fall mit Raddrehung strömt der Luftstrahl – aufgrund der an der Reifenflanke anliegenden Strömung – direkt in den Felgentopf, trifft die Bremsscheibe infolge einer zu geringen Umlenkung jedoch erst im Bereich der Hinterkante. In der Folge bildet sich an der Bremsscheiben-Innenseite wieder ein Rezirkulationsgebiet aus, das

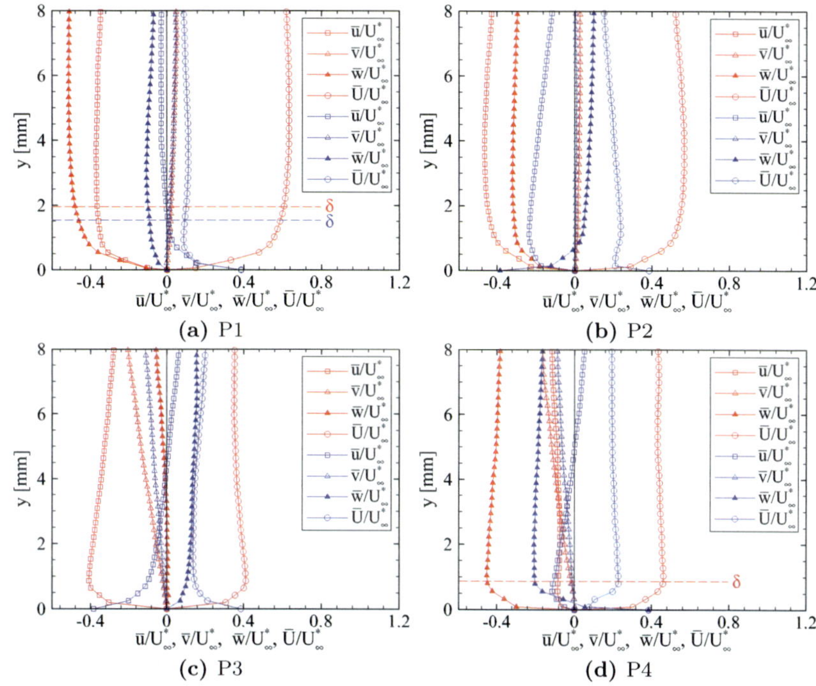

Abbildung 5.13: An den Positionen P1–P4 extrahierte Geschwindigkeitsprofile (innere Seite der Bremsscheibe): — ohne Raddrehung, — mit Raddrehung.

im Vergleich zum Fall ohne Raddrehung jedoch deutlich schwächer ausfällt, da ein Großteil des Massenstroms seitlich an der Bremsscheibe vorbeigeführt wird (siehe 5.11b, ④ und ⑦).

Die Geschwindigkeitsprofile machen zudem deutlich, dass die Grenzschichtströmung unter realitätsnahen Bedingungen – im Vergleich zu den Untersuchungen am generischen Bremsscheibenmodell – deutlich stärker durch die Rotationsbewegung beeinflusst wird. Neben der bereits diskutierten Änderung der Zuströmbedingungen infolge des unterschiedlichen Ablöseverhaltens an der inneren Reifenschulter, ist dies vor allem auf die vergleichsweise geringen Strömungsgeschwindigkeiten und Grenzschichtdicken an der Bremsscheibe zurückzuführen.

Für den Fall ohne Raddrehung lassen sich die Grenzschichtdicken auf der Innenseite der Bremsscheibe näherungsweise zu $\delta \approx 1\,\text{mm}$ (P3/P4) bzw. $2\,\text{mm}$ (P1/P2) abschätzen. Die unterschiedlichen Grenzschichtdicken können mit der an der Bremsscheibe beobachteten, diagonal abwärts gerichteten Strömung (P3→P2 und P4→P1) begründet werden, die zu einem entsprechenden Anwachsen der

Grenzschicht entlang der Scheibe führt. Mit zusätzlicher Raddrehung ergeben sich an den unterschiedlichen Messpositionen vergleichsweise konstante Grenzschichtdicken von ca. 1.5 mm. Dieser Wert stimmt in etwa mit der nach Gleichung (4.8) zu $\delta_\omega = 1.64\,\text{mm}$ berechneten Grenzschichtdicke für eine mit $n = 1652\,\text{min}^{-1}$ in ruhender Umgebung rotierenden Scheibe überein. Daraus lässt sich ableiten, dass die sich auf der Scheibe ausbildende Grenzschicht über die gesamte Dicke maßgeblich von der Rotation beeinflusst wird. Dies zeigt sich an einer ausgeprägten Deformation der Geschwindigkeitsprofile in Wandnähe, die aus der in Umfangsrichtung induzierten Geschwindigkeitskomponente resultiert. Vor dem Hintergrund der geringen Geschwindigkeiten in der Außenströmung lässt sich darauf schließen, dass die Scheibendrehung – im Gegensatz zu den Untersuchungen am generischen Bremsscheibenmodell – zu einem erheblichen Anteil am konvektiven Wärmeübergangsvermögen der Scheibe beteiligt ist. Dies wird dadurch unterstützt, dass die Umfangskomponente überwiegend (P1/P2/P4) entgegen der lokalen Außenströmung gerichtet ist und damit eine Zunahme der für die Kühlung maßgeblichen Relativgeschwindigkeit zwischen Scheibenoberfläche und Fluid bewirkt. Generell ist bei den durchgeführten Betrachtungen zu beachten, dass – aufgrund der sich durch die Raddrehung ändernden Zuströmbedingungen – keine Referenzgrenzschicht ohne Rotationseinfluss zur Verfügung steht, so dass eine losgelöste Beurteilung der Rotationseffekte auf die Grenzschicht schwierig ist.

Die Geschwindigkeitsprofile an den Positionen P1'–P4' auf der Bremsscheiben-Außenseite zeigen im Gegensatz zu den Verhältnissen an der Innenseite ein höheres Geschwindigkeitsniveau für den Fall mit Raddrehung, siehe Abbildung 5.14. Dabei werden in der Außenströmung Geschwindigkeitsverhältnisse von $\overline{U}/U^*_\infty \approx$ 0.45–0.6 erreicht, während die Geschwindigkeiten für den Fall ohne Raddrehung im Bereich von $\overline{U}/U^*_\infty \approx 0.2$–$0.45$ liegen. Dies beruht auf der Tatsache, dass im Fall mit Raddrehung ein Großteil des Luftstrahls seitlich an der Bremsscheibe vorbeiströmt und somit energiereiches Fluid in den Bereich zwischen Bremsscheibe und Felgenöffnungen geführt wird (siehe 5.11b, ④ und ⑦).

Wie bereits auf der Innenseite der Bremsscheibe beobachtet, zeigt sich für den Fall mit Raddrehung wiederum eine deutliche Beeinflussung der Geschwindigkeitsprofile durch die Rotationsbewegung der Scheibe. Dabei ist die Umfangskomponente der Rotation an den Positionen P2' und P3' in Richtung der lokalen Außenströmung orientiert, während sie an den Positionen P1' und P4' in entgegengesetzte Richtung zeigt. In der Folge ergibt sich in den entsprechenden Bereichen eine deutliche Abnahme (P2'/P3') bzw. Zunahme (P1'/P4') der Relativgeschwindigkeit. Somit scheint sich – im Gegensatz zur Innenseite der Bremsscheibe – der Einfluss der Rotation auf den Wärmeübergang über die Scheibenfläche zu kompensieren.

An der Position P4' zeigt sich für beide Lastfälle eine starke Ausbauchung des Profils der $\overline{u}$-Komponente sowie ein Vorzeichenwechsel in einem Wandabstand von 7–8 mm. Dieses Verhalten ist auf eine ausgeprägte Wirbelstruktur zurückzu-

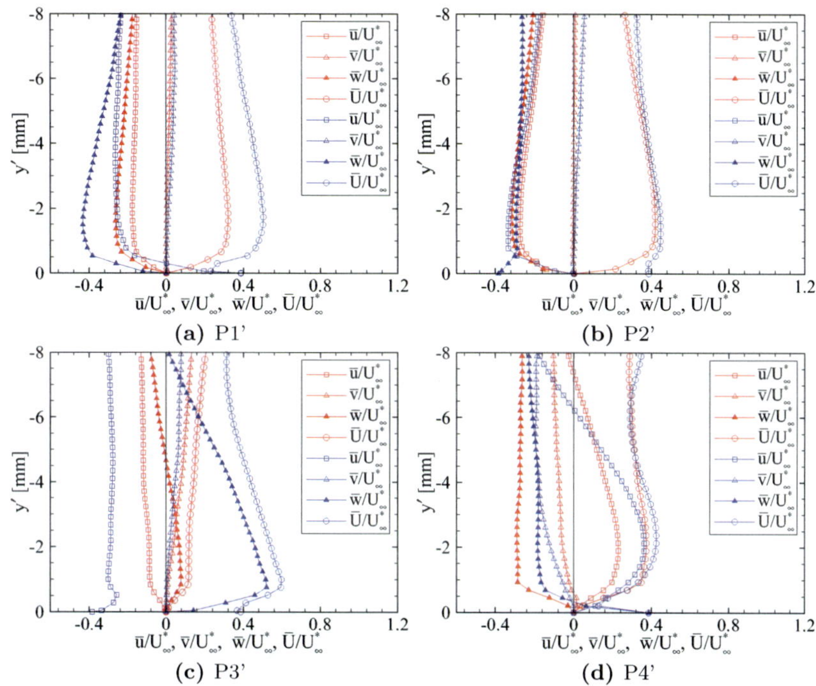

(a) P1'   (b) P2'

(c) P3'   (d) P4'

Abbildung 5.14: An den Positionen P1'–P4' extrahierte Geschwindigkeitsprofile (äußere Seite der Bremsscheibe, $y' = y + B_S$ mit Bremsscheibendicke $B_S = 12\,\text{mm}$): — ohne Raddrehung, — mit Raddrehung.

führen, die durch das seitlich an der Bremsscheibe vorbeigeführte Fluid induziert wird (siehe Abbildung 5.11, ⑦).

Einfluss der Radstellung auf die Bremsscheibenumströmung

Wie in Kapitel 5.1.1 erläutert, wurden die SPIV-Messungen generell bei einer einheitlichen Drehwinkelposition des Rades durchgeführt (untere Felgenspeiche senkrecht zum Boden orientiert, vgl. Abbildung 5.3). Zur Analyse des Einflusses der Radstellung auf die Bremsscheibenumströmung wurden zusätzlich einzelne Geschwindigkeitsfelder mit einem um $25.7^\circ = 0.5 \cdot ({}^{360^\circ}/_7)$ verdrehten Rad vermessen. Dies entspricht dem halben Winkel zwischen zwei benachbarten Speichen, so dass die geometrischen Randbedingungen um den maximal möglichen Betrag verändert wurden.

Der Einfluss der Radstellung auf die Bremsscheibenumströmung ist in Abbildung 5.15 exemplarisch anhand der Geschwindigkeitsprofile an den Positionen

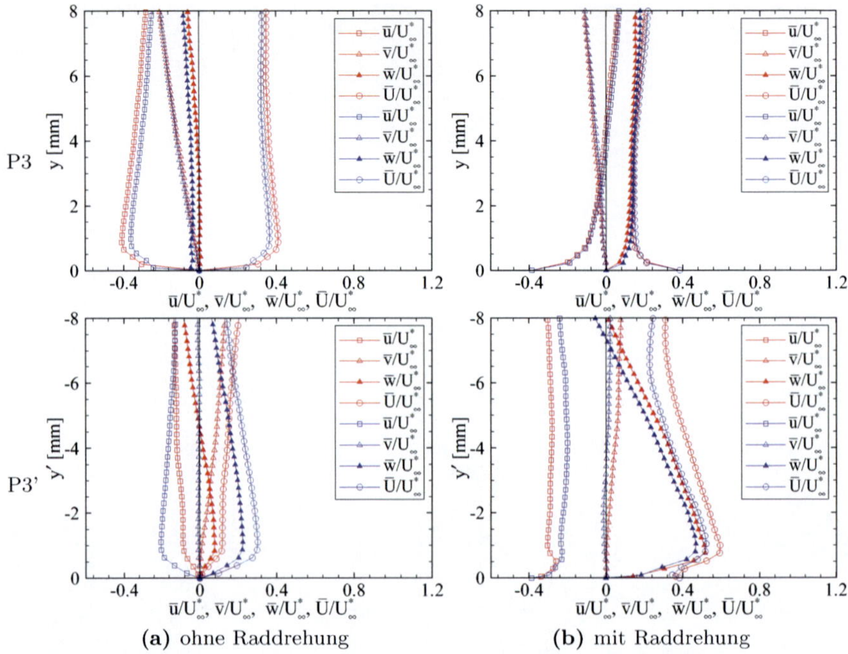

Abbildung 5.15: Einfluss der Radstellung auf die Geschwindigkeitsprofile an den Positionen P3 (innere Seite der Bremsscheibe, $y = 0\,\mathrm{mm}$) und P3' (äußere Seite der Bremsscheibe, $y' = y + B_S$): — Referenz, — Rad um 25.7 ° verdreht.

P3 und P3' dargestellt. Es zeigt sich, dass die Strömung auf der Bremsscheiben-Innenseite (P3) durch die veränderte Radstellung nahezu nicht beeinflusst wird. Im Fall ohne Raddrehung lässt sich für die Geschwindigkeitskomponenten teilweise eine geringfügige Verschiebung des Geschwindigkeitsniveaus zu geringeren ($\overline{u}$) bzw. höheren Werten ($\overline{w}$) beobachten. Die Geschwindigkeitsprofile sind dabei näherungsweise parallel verschoben, d.h. die absolute Geschwindigkeitsänderung bleibt über den Wandabstand ($y > 0.5\,\mathrm{mm}$) in etwa konstant. Für den Fall mit Raddrehung ist im Punkt P3 keine Auswirkung der Radstellung auf die Geschwindigkeitsprofile erkennbar.

Auf der Außenseite der Bremsscheibe (P3') fällt der Einfluss der Radstellung auf die Strömungsverhältnisse im Bereich zwischen Bremsscheibe und Felgenöffnungen erwartungsgemäß wesentlich höher aus. Im Vergleich beider Lastfälle zeigt sich – wie auf der Bremsscheiben-Innenseite – ein größerer Effekt für das stehende Rad. Mit zusätzlicher Raddrehung bleibt der Einfluss der Radstellung aufgrund der hohen Rotationsgeschwindigkeiten und der Trägheit der Strömung begrenzt. Die Geschwindigkeitsprofile sind auf der Bremsscheiben-Außenseite größtenteils parallel zu geringeren (mit Raddrehung) bzw. höheren Geschwindigkeiten (ohne Raddrehung) verschoben. Der Strömungstransport durch die Felgenöffnungen wird im Bereich von P3' infolge der geänderten Radstellung durch eine Speiche blockiert. Dies zeigt sich an einem entsprechenden Abfall der Axialgeschwindigkeit $\overline{v}$ für beide Lastfälle. Aus den Messergebnissen lässt sich ableiten, dass die Radstellung hauptsächlich das Geschwindigkeitsniveau an der Bremsscheiben-Außenseite beeinflusst, während die grundsätzliche Strömungstopologie – insbesondere für den Fall mit Raddrehung – weitestgehend erhalten bleibt.

5.2.3 Strömungsfeld im Bereich der Felgenöffnungen

Anhand des Strömungsfeldes am Austritt der Felgenöffnungen wird in diesem Abschnitt der Strömungstransport durch die Felgenöffnungen analysiert. Die in Abbildung 5.16 dargestellte Messebene befindet sich in einem Abstand von 1 mm zur Reifenflanke und etwa 4 mm (innere radiale Position) bis 6 mm (äußere radiale Position) zu den Felgenöffnungen.

Die Außenströmung reißt für beide Lastfälle an der äußeren Reifenverrundung ab, so dass der Betrag aus den Geschwindigkeitskomponenten $\overline{u}$ und $\overline{w}$ in der betrachteten Messebene größtenteils deutlich unter der freien Anströmgeschwindigkeit liegt. Für den Fall ohne Raddrehung zeigt sich in der oberen Radhälfte ein Gebiet erhöhter Geschwindigkeit (①), das stromab des Radmittelpunktes leicht nach unten abgelenkt wird (②). Das Strömungsfeld an der oberen Reifenflanke deutet darauf hin, dass der erwähnte Bereich durch das aus dem oberen Radhausspalt austretende Fluid genährt wird (③). Im Fall des drehenden Rades ist das Gebiet erhöhter Geschwindigkeit in Richtung der unteren Radhälfte verschoben (④). Dieses charakteristische Verhalten zeigte sich ebenfalls bei den Untersuchungen von Wäschle (2007) und ist auf unterschiedliche Strömungseffekte zurückzuführen. Über den oberen Radhausspalt wird infolge der veränderten Strömungscharakteristik im Radhaus deutlich weniger Fluid an die Außenströmung abgegeben (siehe auch Ölanstrichbild in Kapitel 5.3), so dass das Geschwindigkeitsniveau in der oberen Radhälfte entsprechend absinkt. Darüber hinaus führt die in diesem Bereich entgegen der Hauptströmungsrichtung gerichtete Drehbewegung des Rades zu erhöhten Strömungsverlusten, die den beobachteten Effekt unterstützen. In der unteren Radhälfte dreht das Rad mit der Hauptströmung, so dass die Strömungsverluste infolge der verringerten Scherwirkung absinken. Des Weiteren wird durch die vom drehenden Rad mitgerissene Fluidschicht eine zusätzliche Impulskomponente in Hauptströmungsrichtung erzeugt (⑤), welche die Ausdehnung des an der äußeren Radverrundung enstehenden Ablösegebietes im unteren Raddrittel reduziert. Dieses Phänomen wird durch die numerischen Simulationen von Körner (2009) bestätigt. Als Folge ergibt sich in der betrachteten

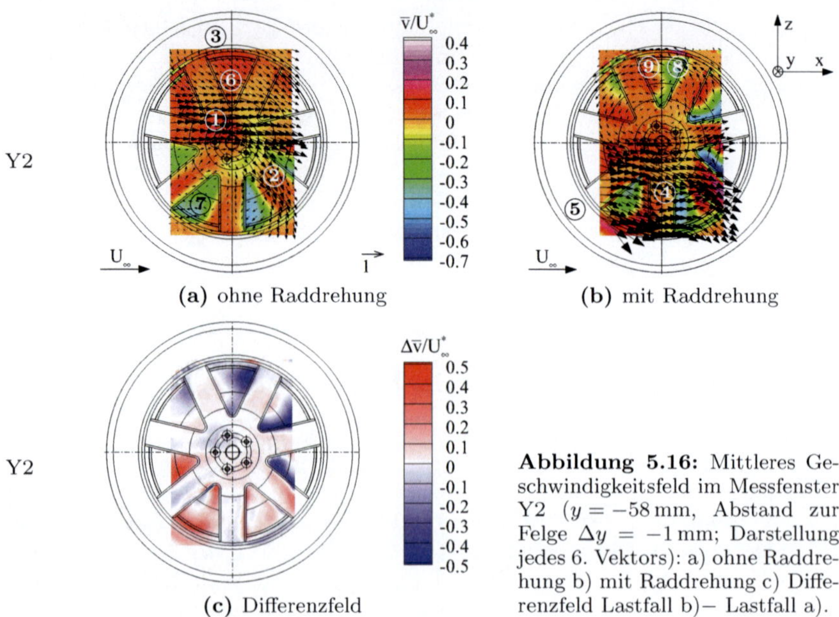

(a) ohne Raddrehung

(b) mit Raddrehung

(c) Differenzfeld

Abbildung 5.16: Mittleres Geschwindigkeitsfeld im Messfenster Y2 ($y = -58\,\text{mm}$, Abstand zur Felge $\Delta y = -1\,\text{mm}$; Darstellung jedes 6. Vektors): a) ohne Raddrehung b) mit Raddrehung c) Differenzfeld Lastfall b)− Lastfall a).

Messebene im unteren Bereich des Rades ein signifikant erhöhtes Geschwindigkeitsniveau.

Die Verteilung der in Achsrichtung zeigenden Geschwindigkeitskomponente $\overline{v}$ verdeutlicht, dass das Fluid durch die Felgenöffnungen sowohl hinein- (negatives $\overline{v}$) als auch hinausströmt (positives $\overline{v}$). Diese Beobachtung ist konsistent zu dem bereits anhand der horizontalen Messschnitte festgestellten Strömungsverhalten. Für den Fall ohne Raddrehung zeigt sich, dass die Strömung in der oberen Radhälfte in das Radinnere hineinströmt (⑥), während sie in der unteren Radhälfte größtenteils aus den Felgenöffnungen austritt (⑦). Eine Vermutung für diesen Effekt ist, dass die an der äußeren Radverrundung ablösende Strömung sich im oberen Bereich des Rades infolge des durch den oberen Radhauspalt austretenden Fluids zu einem Längswirbelzopf einrollt. Die Rotation des Wirbels würde in der Folge einen verstärkten Impulstransport durch die oberen Felgenöffnungen verursachen. Zur weiteren Analyse der auftretenden Strömungsphänomene sind jedoch weitergehende Messungen im Bereich der Radaußenfläche notwendig. Für den Fall mit Raddrehung sind die Ein- und Ausströmbereiche gleichmäßiger über den Umfang verteilt. Durch die Rotationsbewegung wird an den Seitenflächen der Speichen Fluid nach außen gefördert (⑧), während die Strömung im restlichen Bereich der Felgenöffnungen tendenziell nach innen gerichtet ist (⑨). Das Differenzgeschwindigkeitsfeld in Abbildung 5.16c deutet zudem darauf hin, dass das

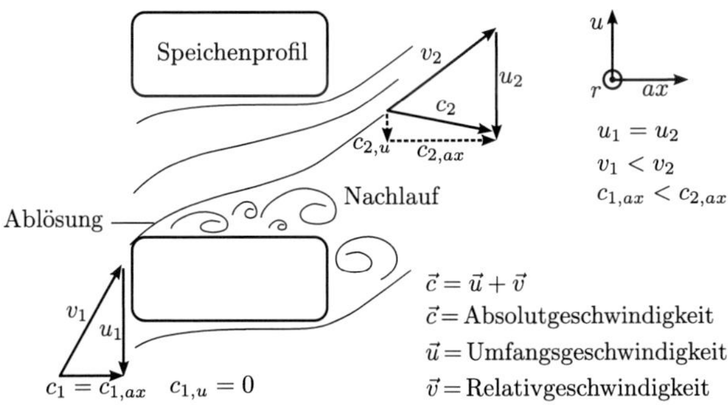

Abbildung 5.17: Prinzipielle Darstellung der Geschwindigkeitsdreiecke an den Speichenprofilen für den Fall mit Raddrehung.

Fluid für den Fall mit Raddrehung im Mittel verstärkt durch die Felgenöffnungen nach außen transportiert wird. Zur Quantifizierung des Strömungstransportes wurde für beide Lastfälle die über das Messfenster gemittelte Axialgeschwindigkeit $(\overline{v}/U^*_\infty \cdot 100)_{Y2}$ berechnet. Für das stehende Rad ergibt sich dabei ein Wert von $(\overline{v}/U^*_\infty \cdot 100)_{Y2} = -3.14$, der mit zusätzlicher Raddrehung um 12% auf -3.58 ansteigt. Die ermittelten Werte zeigen, dass für beide Lastfälle infolge des Unterdruckgebietes im Bereich der Radaußenfläche erwartungsgemäß mehr Fluid an die Außenströmung abgegeben wird, als durch die Felgenöffnungen einströmt. Darüber hinaus belegen die Messungen, dass die zusätzliche Raddrehung eine Steigerung des Strömungstransports durch die Felgenöffnungen verursacht.

Zur weiteren Analyse dieses Effektes ist in Abbildung 5.17 die prinzipielle Durchströmung der Felgenöffnungen anhand der Geschwindigkeitsdreiecke für die Zu- und Abströmung an den Speichenprofilen dargestellt. Unter Annahme einer drallfreien Zuströmung werden die Speichenprofile im beweglichen Relativsystem unter einem hohen Anstellwinkel angeströmt. Infolgedessen löst die Strömung an der Kantenverrundung ab, so dass sich entlang der Profiltiefe ein Ablösegebiet ausbildet. In diesem Bereich kann sich eine lokale Rückströmung einstellen, die vermutlich die beobachteten Einströmgebiete in Abbildung 5.16b (⑨) hervorruft. Der sich durch das Ablösegebiet verengende Strömungskanal verursacht infolge der Massenerhaltung eine Zunahme der Strömungsgeschwindigkeit im Relativsystem ($v_1 < v_2$). Dementsprechend kommt es ebenfalls zu einem Anstieg der Axialgeschwindigkeiten im Absolutsystem, der zu den charakteristischen Gebieten hoher Ausströmgeschwindigkeiten in Abbildung 5.16b (⑧) führt. Die Kantenverrundung des Speichenprofils als auch die Ablösung führen dazu, dass die Strömung in den Zwischenräumen umgelenkt wird. Ist die Umlenkung groß genug, wird nach der Eulerschen Hauptgleichung der Turbomaschinen

Arbeit umgesetzt, da

$$u_2 \cdot c_{2u} > u_1 \cdot c_{1u} \tag{5.1}$$

erfüllt ist, siehe Bräunling (2004). Aufgrund des symmetrischen Speichenprofils ist eine Grundvoraussetzung für die Arbeitsumsetzung, dass bereits eine nach außen gerichtete Grundströmung durch die Felgenöffnungen besteht. Die für das stehende Rad berechnete mittlere Axialgeschwindigkeit lässt den Schluß zu, dass diese Bedingung in weiten Bereichen erfüllt wird. Die Abströmung an den Speichenprofilen ist aufgrund $c_{2u} > 0$ drallbehaftet, was im korrespondierenden Strömungsfeld (Abbildung 5.16b) deutlich zu erkennen ist. Die durchgeführten Betrachtungen zeigen, dass durch die Drehbewegung des Rades unter den genannten Voraussetzungen Arbeit umgesetzt wird, die vermutlich die beobachtete Zunahme des Strömungstransportes durch die Felgenöffnungen verursacht.

5.3 Globale Strömungstopologie im Radhaus

Abschließend soll in diesem Abschnitt mit Hilfe der in Kapitel 5.2 diskutierten Strömungsfelder und zusätzlichen Ölanstrichbildern ein kurzer Überblick über die globale Radhausinnenströmung gegeben werden.

In Abbildung 5.18 ist das aus den unterschiedlichen Messfenstern zusammengesetzte Strömungsfeld sowie das korrespondierende Ölanstrichbild für den Fall ohne Raddrehung dargestellt. Zur besseren Nachvollziehbarkeit wurde das Anstrichbild an der x-Achse gespiegelt. Wie bereits ausführlich in den vorherigen Abschnitten diskutiert, wird der beschleunigte Luftstrahl am Austritt des Luftführungskanals stark nach oben ($+z$-Richtung) abgelenkt. In der Folge kommt es zu einer ausgeprägten Ablösung an der inneren Reifenverrundung, die den Luftstrahl vom Rad weglenkt ($+y$-Richtung). Dieses Verhalten zeigt sich im Ölanstrichbild in einer deutlichen Krümmung der Wandschubspannungslinien (①). Der diagonal aufwärts strömende Luftstrahl legt sich an der oberen Reifenflanke tendenziell wieder an die Wand an (②) und strömt über die innere Reifenverrundung auf die obere Lauffläche des Rades. Im vorderen Bereich löst der Luftstrahl vermutlich an der Reifenverrundung ab, so dass sich im Radhausspalt ein ausgeprägtes Ablösegebiet ausbildet. Im abgelösten Gebiet wird in der Folge eine große Wirbelstruktur generiert, die im Anstrichbild deutlich zu erkennen ist (③). Stromab des Wirbels wird ein Großteil des nach oben strömenden Fluids infolge des Unterdruckgebietes im Bereich der Radaußenfläche durch den oberen Radhausspalt nach außen transportiert (④). Dieses Strömungsverhalten wurde durch zusätzliche Untersuchungen mit einer Fadensonde bestätigt.

Der eigentliche, stark beschleunigte Luftstrahl erfährt im hinteren Bereich des Rades wieder eine Umlenkung in Richtung des Reifens (⑤). Im Weiteren strömt ein Teil des Massenstroms in den Felgentopf und erzeugt das ausgeprägte Rezirkulationsgebiet an der Bremsscheiben-Innenseite (⑥). Der überwiegende Teil des Luftstrahls strömt jedoch am Rad vorbei, prallt auf die rückwärtige Radh-

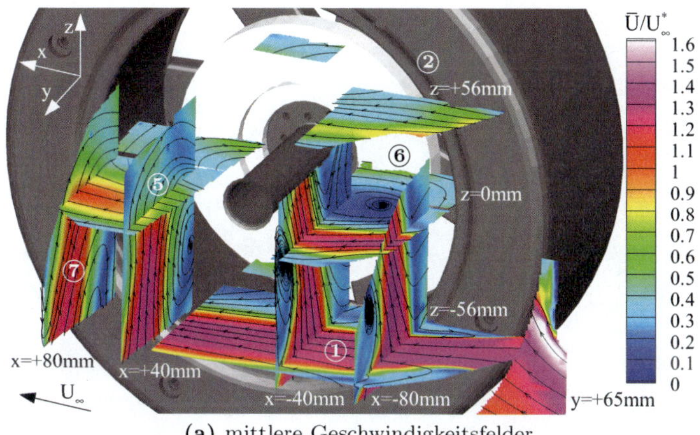

(a) mittlere Geschwindigkeitsfelder

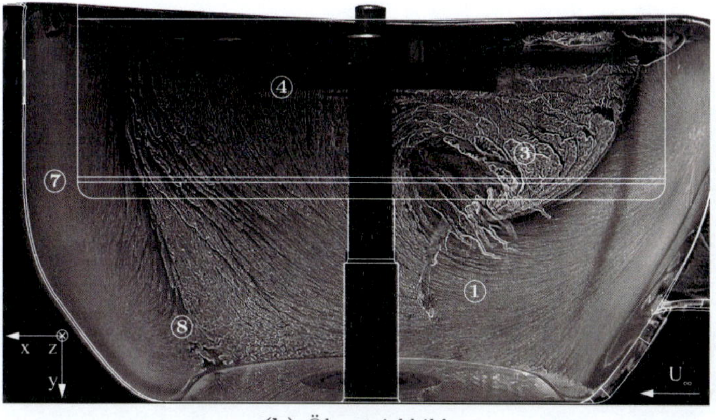

(b) Ölanstrichbild

Abbildung 5.18: Globale Strömungscharakteristik im Radhaus ohne Raddrehung: a) gemessene Geschwindigkeitsfelder b) Ölanstrichbild (Bild wurde an der x-Achse gespiegelt).

auswand und wird über den hinteren Radhausspalt entlüftet (⑦). Die im Ölanstrichbild zu erkennende charakteristische Linie im hinteren Bereich des Radhauses (⑧) resultiert aus dem stromab der Antriebswelle generierten Nachlauf. Der beschleunigte Luftstrahl wird durch das Totwassergebiet in einen oberen und unteren Teil getrennt, die an der rückwärtigen Radhauswand wieder zusammentreffen.

Abbildung 5.19 zeigt, dass sich die Radhausinnenströmung für den Fall mit

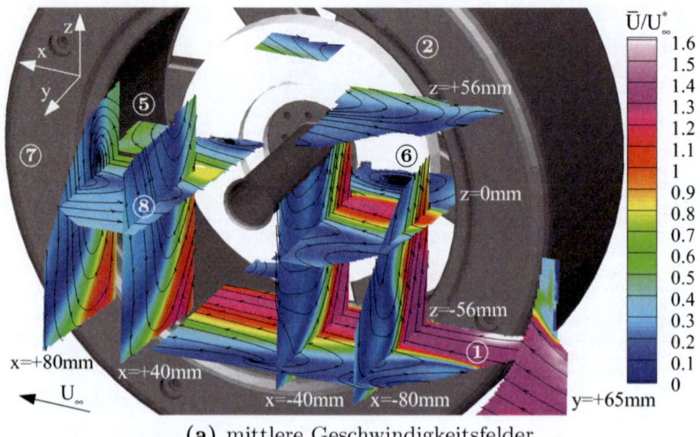

(a) mittlere Geschwindigkeitsfelder

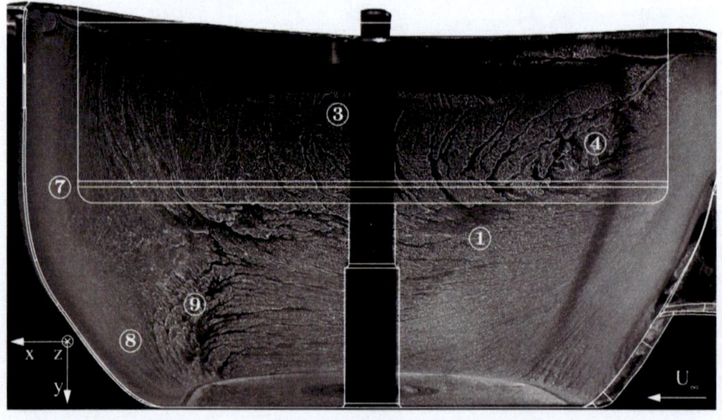

(b) Ölanstrichbild

Abbildung 5.19: Globale Strömungscharakteristik im Radhaus mit Raddrehung: a) gemessene Geschwindigkeitsfelder b) Ölanstrichbild (Bild wurde an der x-Achse gespiegelt).

Raddrehung signifikant ändert. Der am Luftführungskanal abströmende Luftstrahl wird im Vergleich zum stehenden Rad deutlich weniger in positive z-Richtung abgelenkt und liegt in der Folge an der inneren Radflanke an. Die Wandschubspannungslinien im korrespondierenden Anstrichbild verlaufen in diesem Bereich aufgrund des fehlenden Ablösegebietes nahezu gerade nach hinten. Der verminderte Abströmwinkel führt zudem dazu, dass deutlich weniger Fluid über die innere Reifenverrundung (②) in den oberen Radhausspalt gelangt. Im

Ölanstrichbild zeigt sich daher zwar eine tendenziell nach außen gerichtete Strömung, die geringen Wandschubspannungen lassen dabei jedoch auf deutlich reduzierte Strömungsgeschwindigkeiten schließen (③). Die für das stehende Rad beobachtete Wirbelstruktur auf der oberen Lauffläche ist nur noch in Ansätzen erkennbar und durch die Drehung des Rades weiter nach vorne ($-x$-Richtung) gewandert (④). Der eigentliche Luftstrahl strömt in Richtung des Felgentopfes und trifft im hinteren Bereich des Rades auf die innere Felgenwand (⑤). Ein Großteil des Fluids wird im Weiteren – begünstigt durch die Rotationsbewegung der Speichen – seitlich an der Bremsscheibe vorbei gefördert und tritt schließlich durch die Felgenöffnungen aus. Der verbleibende Teil des Luftstrahls wird an der Bremsscheibe nach vorne umgelenkt und erzeugt ein schwach ausgeprägtes Rezirkulationsgebiet (⑥). Im Vergleich zum stehenden Rad strömt insgesamt ein größerer Massenstrom in den Felgentopf, so dass entsprechend weniger Fluid auf die rückwärtige Radhauswand trifft und über den hinteren Radhausspalt an die Außenströmung abgegeben wird (⑦). Ein Teil des auf die rückwärtige Wand treffenden Fluids wird zudem nach innen umgelenkt und führt im Folgenden zu einer abwärts gerichteten Rückströmung ($-x$-Richtung, ⑧). Die durch das Totwassergebiet der Antriebswelle erzeugte charakteristische Linie ist auch für den Fall mit Raddrehung zu erkennen, erscheint aufgrund der geringeren auftreffenden Massenströme jedoch deutlich schwächer ausgeprägt (⑨).

Ein Vergleich mit den Untersuchungsergebnissen von Oswald und Browne (1981) und Fabijanic (1996) zeigt, dass die für den Fall mit Raddrehung beobachtete Strömungstopologie trotz deutlich unterschiedlicher Randbedingungen – hier ist insbesondere der Luftführungskanal zu nennen, der bei den zum Vergleich herangezogenen Messungen nicht existiert – grundsätzlich übereinstimmt.

5.4 Fazit

Mit Hilfe des entwickelten Versuchsstands konnten erfolgreich detaillierte SPIV-Messungen im Radhaus des PKW-Halbmodells durchgeführt werden, die weitgehende Informationen über die Strömungsphysik im Radhaus liefern und eine umfangreiche Datenbasis zur Validierung von numerischen Strömungssimulationen bereitstellen. Der Aufbau des Radmodells aus zwei dünnen Acrylglas-Kreisringen ermöglichte dabei – trotz der stark eingeschränkten Zugänglichkeit im Radhaus – eine hochaufgelöste Vermessung des Geschwindigkeitsfeldes im Nahfeld der Bremsscheibe. Die diskutierten PIV-/SPIV-Messdaten wurden in zwei unabhängigen Windkanal-Messkampagnen erzeugt, wobei sowohl das generelle Strömungsverhalten reproduziert als auch – in sich überlappenden Messbereichen (Messfenster z2/z4) – eine sehr gute Übereinstimmung der absoluten Geschwindigkeitswerte erzielt werden konnte.

Durch Variation der Versuchsrandbedingungen wurde auf Basis exemplarischer Messungen für das stationäre Rad gezeigt, dass die Messergebnisse auf höhere Reynolds-Zahlen übertragen werden können und zudem keine Beeinflussung des Strömungsfeldes durch den im Versuch benötigten Spalt zwischen Boden und Radlauffläche verursacht wird. Ferner wird aus den Messungen deutlich, dass die Raddrehung zu einer massiven Veränderung der Strömungsverhältnisse führt und somit für eine realistische Simulation der Radhausströmung zwingend berücksichtigt werden muss. Aus den Messergebnissen konnten darüber hinaus neue Erkenntnisse über die Strömungsmechanismen im Radhaus und insbesondere über den Einfluss eines offenen Luftführungskanals gewonnen werden, die abschließend noch einmal kurz zusammengefasst werden sollen:

- Die Strömung im Radhaus und insbesondere im Felgentopf wird massiv durch den Verlauf des im Luftführungskanal gebildeten Luftstrahls beeinflusst. Ohne Raddrehung löst der Luftstrahl an der inneren Reifenschulter ab und wird erst im hinteren Bereich des Rades in die Felge gelenkt. In der Folge bildet sich ein großes Rezirkulationsgebiet im Felgentopf aus, welches insbesondere die Innenseite der Bremsscheibe beeinflusst.

- Mit zusätzlicher Raddrehung liegt der Luftstrahl dagegen an der Reifenschulter an und strömt bereits im vorderen Teil des Rades in den Felgentopf. Der Luftstrahl trifft direkt auf den hinteren Bereich der Bremsscheibe, so dass lediglich im vorderen Bereich des Felgentopfes ein schwach ausgeprägtes Rezirkulationsgebiet erzeugt wird.

- Durch Hysterese-Effekte stellt sich der für den Fall mit Raddrehung beschriebene Strömungszustand nur unter der Voraussetzung ein, dass die Anströmgeschwindigkeit erst nach Erreichen der endgültigen Raddrehzahl erhöht wird oder eine gleichzeitige Erhöhung beider Parameter erfolgt. Das beobachtete Verhalten ist ebenfalls für die numerische Simulation der Radhausströmung entscheidend, da sich erst bei einer transienten Berechnung mit zeitlicher Aufprägung des gewählten Lastverlaufs ein zum Experiment vergleichbarer Strömungszustand einstellt, vgl. Körner (2009).

- Die Variation der Austrittsgeometrie des Luftführungskanals zeigt, dass die Ablöseneigung des Luftstrahls primär durch den Abströmwinkel am Kanalaustritt bestimmt wird. Wird der für das stationäre Rad – im Vergleich zum Fall mit Raddrehung – deutlich erhöhte Abströmwinkel künstlich durch eine Abrisskante verringert, lässt sich die Ablösung an der inneren Reifenschulter unterdrücken.

- Da der beschleunigte Luftstrahl die Bremsscheibe nicht oder nur teilweise trifft, ergibt sich an der Scheibe ein in Relation zur Anströmung deutlich reduziertes Geschwindigkeitsniveau. Für den Fall mit Raddrehung besitzt die Rotationsbewegung der Scheibe daher einen – im Vergleich zu den Verhältnissen am generischen Bremsscheibenmodell – wesentlich stärkeren Einfluss auf die Grenzschichtströmung und das Wärmeübergangsverhalten an der Bremsscheibe.

- Ferner wird die Strömung an der Bremsscheibe zusätzlich durch die Durchströmung der Felgenöffnungen beeinflusst. Im Mittel wird dabei durch das Unterdruckgebiet an der Radaußenfläche mehr Fluid an die Außenströmung abgegeben, als durch die Felgenöffnungen einströmt. Für den Fall mit Raddrehung verstärkt sich diese Tendenz, da durch die Rotationsbewegung der Speichen Arbeit umgesetzt wird und der Strömungstransport in axialer Richtung erhöht wird.

Alle in diesem Kapitel diskutierten Geschwindigkeitsmessungen wurden mit Hilfe eines PIV- bzw. SPIV-Systems durchgeführt, dessen maximale Aufnahmefrequenz auf 8 Hz begrenzt ist. Folglich ist eine Unterscheidung zwischen den großskaligen, periodischen Wirbelstrukturen und den kleinskaligen, stochastischen Turbulenzfluktuationen anhand der erzeugten Messdaten nicht ohne weiteres möglich. Zu weiteren Untersuchung der periodischen Strömungsvorgänge im Radhaus ist es daher sinnvoll, zukünftig ergänzende Messungen mit einem Hochgeschwindigkeits-SPIV-Verfahren durchzuführen, das die notwendige zeitliche Auflösung zur Aufspaltung der Bewegungsanteile bereitstellt. Ferner könnten die zeitaufgelösten Messdaten zur Validierung zukünftiger Grobstruktur-Simulationen† eingesetzt werden, bei denen die großskaligen Anteile des Turbulenzspektrums durch das numerische Verfahren aufgelöst werden und lediglich die turbulente Feinstruktur modelliert wird. Im Vergleich zu den auf den Reynolds-gemittelten Navier-Stokes-Gleichungen basierenden Verfahren wird somit eine genauere Beschreibung der Turbulenzeigenschaften erreicht.

† englisch: **L**arge **E**ddy **S**imulation (LES)

6 Zusammenfassung und Ausblick

Ziel dieser Arbeit war eine umfassende experimentelle Untersuchung der Umströmung und des Wärmeübergangs an PKW-Scheibenbremsen, die einerseits das Verständnis der komplexen Strömungsvorgänge im Bereich der Bremsanlage verbessern und andererseits eine umfangreiche Datenbasis zur Validierung von numerischen Simulationen bereitstellen sollte. Da die Zugänglichkeit im Radhaus durch Karosserie, Rad und Achsbauteile stark eingeschränkt ist, existierten bislang lediglich punktuelle Messdaten über das Strömungsfeld im Bereich von Bremsscheiben. Zur grundlegenden Untersuchung der Strömungsvorgänge wurden zwei spezielle Versuchsstände entwickelt, die sowohl die Untersuchung der Grenzschichtströmung und des Wärmeübergangs an einem generischen Bremsscheibenmodell als auch die Vermessung der Bremsscheibenumströmung in einer realitätsnahen Fahrzeugumgebung ermöglichten.

Im ersten Testfall einer turbulent überströmten, rotierenden Scheibe wurden die Verhältnisse an einer generischen Bremsscheibe ohne Fahrzeugumgebung simuliert. An dieser bildet sich – ähnlich zu den Verhältnissen an einer freiliegenden Bremsscheibe – durch die Interferenz der Rotationsbewegung mit einer Translationsströmung senkrecht zur Drehachse der Scheibe eine dreidimensionale Grenzschichtströmung aus. Die Scheibenoberfläche wurde mit Hilfe einer Heizfolie auf Temperaturen von bis zu 300 °C erwärmt, so dass sich – auf Basis von Heizleistungs- und der Temperaturverteilungsmessungen – der resultierende Wärmeübergang auf der Scheibe ermitteln ließ und zudem Rückschlüsse auf die Kopplung zwischen Temperatur- und Strömungsfeld gezogen werden konnten.

Anhand der Ergebnisse aus den durchgeführten SPIV-Messungen konnte gezeigt werden, dass es infolge der Scheibendrehung im wandnahen Bereich ($y/\delta \leq 0.25$) der Grenzschicht zu einer deutlichen Deformation der Geschwindigkeitsverteilung kommt. Dabei werden im Relativsystem der Scheibe Bereiche mit stark beschleunigter und verzögerter Strömung erzeugt, die mit einer Zu- bzw. Abnahme der Turbulenzproduktion einhergehen. Die zusätzliche Beheizung der Scheibenwand führt zu einer Aufdickung der Geschwindigkeitsgrenzschicht, die auf eine zunehmende Aufrichtung von kohärenten Strömungsstrukturen – paketförmig angeordneten Hairpin-Wirbeln – zurückgeführt werden konnte. Die Analyse des konvektiven Wärmeübergangs verdeutlichte, dass es durch die zusätzliche Scheibendrehung zu keiner nennenswerten Vergrößerung des Wärmeübergangs kommt, da sich die Bereiche mit erhöhter bzw. verringerter Relativgeschwindigkeit weitestgehend kompensieren. Weiterhin konnte gezeigt werden, dass die

Wärme durch die Temperaturabhängigkeit der Stoffwerte mit steigender Wandtemperatur schlechter abgeführt wird, so dass die Wärmeübergangskoeffizienten geringfügig absinken.

Beim Vergleich der gemessenen Temperaturverteilungen mit bestehenden empirischen Korrelationen zeigte sich größtenteils eine hervorragende Übereinstimmung. Im Randbereich der Scheibe ($|x/R_S| > 0.6$) wurden jedoch Abweichungen von bis zu 10% festgestellt, die sich auf die Versuchsrandbedingungen zurückführen ließen. Für zukünftige Untersuchungen – wie beispielsweise der Realisierung einer beheizten Bremsscheibe in einer realitätsnahen Fahrzeugumgebung – sollte daher eine geeignete Anpassung der Randbedingungen (Heizfolie mit gleichmäßigerer Leistungsdichte, zusätzliche seitliche Isolierung, Erhöhung der Deckscheibendicke) erfolgen.

Aufbauend auf den Untersuchungen an einer generischen Bremsscheibe wurde in einem zweiten Testfall die komplexe, isotherme Bremsscheibenumströmung in einer realitätsnahen Fahrzeugumgebung mit offenem Luftführungskanal untersucht. Zu diesem Zweck wurden umfangreiche SPIV-Messungen im Radhaus eines *Volkswagen Phaeton* - Halbmodells im Maßstab 1 : 2.5 durchgeführt, die eine gezielte Analyse der Bremsscheibenzuströmung, des Strömungsfeldes im Bereich der Bremsscheibe und der Abströmung durch die Felgenöffnungen erlauben. Zur Realisierung der SPIV-Messungen im Felgentopf wurde ein Radmodell entwickelt, dass den optischen Zugang für die Kameras über eine Laufflläche aus zwei dünnen Acrylglas-Kreisringen ermöglichte, ohne die Datenqualität durch optische Abbildungsfehler zu beeinträchtigen. Die Einkopplung des Lichtschnitts in axialer Richtung und die Wahl einer Acrylglas-Bremsscheibe erlaubte dabei SPIV-Messungen auf beiden Seiten der Bremsscheibe und führte gleichzeitig zu einer Minimierung von störenden Laserreflexionen im Felgentopf.

Die Analyse der Messdaten machte deutlich, dass die Strömung im Radhaus durch den im offenen Luftführungskanal gebildeten Luftstrahl dominiert wird. Dabei konnte gezeigt werden, dass der Luftstrahl für das stationäre Rad an der inneren Reifenschulter ablöst und erst im hinteren Bereich des Rades in den Felgentopf gelenkt wird. Für den Fall mit Raddrehung liegt der Luftstrahl dagegen an der inneren Reifenflanke an und strömt somit bereits deutlich früher in den Felgentopf hinein. Bei stationärem Rad bildet sich im Felgentopf ein großes Rezirkulationsgebiet aus, dass zu einer ausgeprägten Rückströmung an der Innenseite der Bremsscheibe führt. Da der hintere Teil der Bremsscheibe mit zusätzlicher Raddrehung bereits direkt vom Luftstrahl getroffen wird, nimmt die Ausdehnung des Rezirkulationsgebietes für diesen Fall deutlich ab. Durch Variation der Austrittsgeometrie des Luftkanals konnte belegt werden, dass die Ablöseneigung des Luftstrahls an der inneren Reifenschulter vornehmlich vom Abströmwinkel des Strahls abhängig ist. Zur Erzeugung eines festen Abströmwinkels und Herstellung eines stabilen Strömungszustands ist es daher sinnvoll, den verrundeten Austritt des Luftführungskanals zukünftig mit einer Abrisskante zu versehen. Das Geschwindigkeitsniveau an der Bremsscheibe ist gegenüber der Anströmgeschwindigkeit signifikant verringert, so dass die Grenzschichtströmung und folglich auch das Wärmeübergangsverhalten – im Gegensatz zu den Ergebnissen an der frei überströmten Bremsscheibe – maßgeblich von der Rotationsbewegung der Scheibe beeinflusst werden. Ferner wird aus den Messergebnissen deutlich, dass durch den beobachteten Verlauf des im Luftführungskanal gebildeten Strahls – in der untersuchten Konfiguration – keine optimale konvektive Wärmeabfuhr an der Bremsscheibe erzielt wird. Beim *Volkswagen Phaeton* werden daher in der Serie zusätzlich Luftleitbleche eingesetzt, die den Luftstrahl weiter in Richtung der Bremsscheibe lenken und somit das Geschwindigkeitsniveau an der Bremsscheibe erhöhen. Ferner konnte durch Analyse der Felgendurchströmung gezeigt werden, dass die Rotationsbewegung der Speichen den Strömungstransport in Richtung der Außenströmung geringfügig erhöht. Daraus lässt sich ableiten, dass der Luftdurchsatz durch eine geeignete Profilierung der Speichen deutlich gesteigert und somit eine verbessertes Kühlverhalten erzielt werden könnte.

Zur Untersuchung des grundlegenden Strömungsverhaltens im Bereich von PKW-Scheibenbremsen wurden in dieser Arbeit einige Geometrievereinfachungen vorgenommen. Basierend auf den bisherigen Ergebnissen ist es daher sinnvoll, zukünftig die Komplexität des Versuchsaufbaus zu erhöhen und die Auswirkung weiterer Einflussfaktoren (Motorraumdurchströmung, innenbelüftete Bremsscheiben) auf die Bremsscheibenumströmung zu untersuchen. Ferner könnte durch Untersuchung unterschiedlicher Luftleitmaßnahmen und Felgengeometrien eine zielgerichtete Optimierung der Luftführung erreicht werden. Für eine direkte Beurteilung der geometrischen Veränderungen bietet sich – ähnlich zum Versuchsaufbau des ersten Testfalls – eine Beheizung der Bremsscheibe an, so dass durch Messung der Temperaturverteilung Rückschlüsse auf die erzielte Kühlleistung gezogen werden könnten. Aus messtechnischer Sicht sind ergänzende Hochgeschwindigkeits-SPIV-Untersuchungen sinnvoll, die sowohl eine Analyse der großskaligen, periodischen Vorgänge im Radhaus ermöglichen würden als auch zur Validierung zukünftiger Grobstruktur-Simulationen beitragen könnten.

Literatur

Adrian, R. J. (1991). Particle imaging techniques for experimental fluid mechanics. *Annual Review of Fluid Mechanics 23*, 261–304.

Adrian, R. J., K. T. Christensen und Z.-C. Liu (2000). Analysis and interpretation of instantaneous turbulent velocity fields. *Experiments in Fluids 29*, 275–290.

Adrian, R. J., C. D. Meinhart und C. D. Tomkins (2000). Vortex organization in the outer region of the turbulent boundary layer. *Journal of Fluid Mechanics 422*, 1–54.

Astarita, T. und G. Cardone (2008). Convective heat transfer on a rotating disk with a centred impinging round jet. *International Journal of Heat and Mass Transfer 51*(7-8), 1562–1572.

aus der Wiesche, S. (2002). Heat transfer and thermal behaviour of a rotating disk passed by a planar air stream. *Forschung im Ingenieurwesen 67*, 161–174.

aus der Wiesche, S. (2007). Heat transfer from a rotating disk in a parallel air crossflow. *International Journal of Thermal Sciences 46*(8), 745–754.

Baehr, H. D. und K. Stephan (1998). *Wärme- und Stoffübertragung* (3. Aufl.). Springer.

Barnard, R. H., P. R. Bullen und J. Qiao (2002). Brake and engine cooling flows: Influences and interactions. In *Proceedingsof 4th MIRA International Vehicle Aerodynamics Conference, Warwick, UK, October 16–17, 2002.*

Bergmann, L. und C. Schaefer (2004). *Lehrbuch der Experimentalphysik, Optik* (10. Aufl.), Band 3. Walter de Gruyter.

Boguslawski, L. und C. O. Popiel (1979). Flow structure of the free round turbulent jet in the initial region. *Journal of Fluid Mechanics 90*(3), 531–539.

Braess, H. und U. Seiffert (2007). *Handbuch Kraftfahrzeugtechnik* (5. Aufl.). Vieweg + Teubner.

Braslow, A. L. und E. C. Knox (1958). Simplified method for determination of critical height of distributed roughness particles for boundary-layer transition at Mach numbers from 0 to 5. *NACA-TN-4363*.

Breuer, B. und K. H. Bill (2006). *Bremsenhandbuch* (3 Aufl.). Vieweg+Teubner.

Brizzi, L.-E., A. Noel und V. Herbert (2004). Phase average velocity field in the vicinity of an isolated wheel model. *12th International Symposium on Applied Laser Techniques to Fluid Mechanics, Lisbon, Portugal, July 12—15, 2004*.

Bräunling, W. J. G. (2004). *Flugzeugtriebwerke : Grundlagen, Aero-Thermodynamik, Kreisprozesse, thermische Turbomaschinen, Komponenten und Emissionen.* Springer.

Busch, R. (2006). *Elektrotechnik und Elektronik* (4. Aufl.), Band B. Teubner.

Buschmann, M. H. und M. G. el Hak (2003). Debate concerning the mean-velocity profile of a turbulent boundary layer. *AIAA Journal 41*(4), 565–572.

Cardone, G., T. Astarita und G. M. Carlomagno (1996). Infrared heat transfer measurements on a rotating disk. *Optical Diagnostics in Engineering 1*, 1–7.

Cham, T.-S. und M. R. Head (1969). Turbulent boundary-layer flow on a rotating disk. *Journal of Fluid Mechanics 37*(1), 129–147.

Cheng, R. K. und T. T. Ng (1982). Some aspects of strongly heated turbulent boundary layer flow. *Physics of Fluids 25*, 1333–1341.

Cobb, E. C. und O. A. Saunders (1956). Heat transfer from a rotating disk. In *Proceedings of the Royal Society - A*, Band 236, 343–351.

Cogotti, A. (1983). Aerodynamic characteristics of car wheels. *International Journal of Vehicle Design*, 173–196.

Decker, F. und M. Körner (2002). Simulation der Bremsenanströmung des VW Phaeton. *VDI-Berichte 1701*.

Dennis, R. W., C. Newstead und A. J. Ede (1970). The heat transfer from a rotating disc in an air crossflow. In *Proceedings of the 4th International Heat Transfer Conference, FC 7.1, Paris, September 1970.*

Drach, V. (2006). Bestimmung der Wärmeleitfähigkeit eines Keramikpapiers. *Report ZAE 2 -0106 -09*, Bayerischen Zentrum für Angewandte Energieforschung.

Eckert, E. R. G. (1955). Engineering relations for friction and heat transfer to surfaces in high velocity flow. *Journal of Aeronautical Sciences 22*, 585–587.

Eckert, W. T. und E. Mercker (1988). The effect of groundplane boundary Layer control on automotive testing in a wind tunnel. *SAE-Paper 880248*.

Elkins, C. J. und J. K. Eaton (2000). Turbulent heat and momentum transport on a rotating disk. *Journal of Fluid Mechanics 402*, 225–253.

Elsinga, G. E., B. W. van Oudheusden und F. Scarano (2005). Evaluation of aero-optical distortion effects in PIV. *Experiments in Fluids 39*(2), 246–256.

Estorf, M. (2007). Ortsaufgelöste Bestimmung instationärer Wärmestromdichten in der Aerothermodynamik. *Dissertation*, Institut für Strömungsmechanik, Technische Universität Braunschweig.

Ewald, B. (1999). Die Ermittlung der Bezugsgrößen in Unterschall-Windkanälen. *Technischer Bericht A 198/98*, Technische Universität Darmstadt, Fachgebiet Aerodynamik und Messtechnik.

Fabijanic, J. (1996). An experimental investigation of wheel-well flows. *SAE-Paper 960901*.

Fackrell, J. E. und J. K. Harvey (1975). The aerodynamics of an isolated road wheel. In *Proceedings of the Second AIAA Symposium of Aerodynamics of Sports and Competition Automobiles*, Band 16, 119–125.

Farrell, T. (2006). Development of a new boundary layer control technique for automotive wind tunnel testing. *AIAA-2006-356*.

Ferrari, C. (1954). Determination of the heat transfer properties of a turbulent boundary layer in the case of supersonic flow when the temperature distribution along the constraining wall Is arbitrarily assigned. *Report CAL/GM-807*, Cornell Aeronautics Laboratory, Buffalo, New York.

Garret, D. (1983). Cooling of brakes – A conflict of interests. *IMechE Paper CC35/83*.

Gersten, K. und H. Herwig (1992). *Strömungsmechanik - Grundlagen der Impuls-, Wärme und Stoffübertragung aus asymptotischer Sicht.* Vieweg & Sohn.

Gregory, N., J. T. Stuart und W. S. Walker (1955). On the stability of three-dimensional boundary layers with applications to the flow due to a rotating disk. *Philosophical Transactions of the Royal Society 248*, 155—199.

Große, S. und W. Schröder (2008). Measurement in a Zero-Pressure Gradient Turbulent Boundary Layer with Forced Thermal Convection. *Flow, Turbulence and Combustion 81*, 131–153.

Gudlin, T. und S. Syta (1987). Ausarbeitung der Konstruktionsrichtlinien für die Auslegung von Bremsscheiben. *Technischer Bericht - Teil 1*, Volke Entwicklungsring GmbH, Wolfsburg.

Harmand, S., B. Watel und B. Desmet (2000). Local convective heat exchanges from a rotor facing a stator. *International Journal of Thermal Sciences 39*(3), 404–413.

Head, M. R. und P. Bandyopadhyay (1981). New aspects of turbulent boundary-layer structure. *Journal of Fluid Mechanics 107*, 297–338.

Herpin, S., C. Wong, M. Stanislas und J. Soria (2008). Stereoscopic PIV measurements of a turbulent boundary layer with a large spatial dynamic range. *Experiments in Fluids 45*(4), 745–763.

Herwig, H. (2002). *Strömungsmechanik.* Springer.

Hoffmann, J. (2002). *Taschenbuch der Messtechnik* (3. Aufl.). Carl Hanser Verlag.

Hopf, A. und A. Gauch (2000). Numerische Simulation der Bremsenkühlung mit CFD und FEM. *VDI-Berichte 1559*, Berechnung und Simulation im Fahrzeugbau, Würzburg.

Hucho, W.-H. (2005). *Aerodynamik des Automobils* (5 Aufl.). Vieweg+Teubner.

Hucho, W. H., L. J. Janssen und G. Schwarz (1975). The wind tunnel's ground plane boundary layer – Its interference with the flow underneath cars. *SAE-Paper 750066.*

ISO (1993). *Guide to the expression of uncertainty in measurement (GUM)* (1. Aufl.). International Organization for Standardization (ISO).

Jischa, M. (1982). *Konvektiver Impuls-, Wärme und Stoffaustausch.* Vieweg & Sohn.

Kakac, S., R. K. Shah und W. Aung (1987). *Handbook of single-phase convective heat transfer.* John Wiley & Sons.

Kang, H. S., H. Choi und J. Y. Yoo (1998). On the modification of the near-wall coherent structure in a three-dimensional turbulent boundary layer on a free rotating disk. *Physics of Fluids 10*(9), 2315–2322.

Kähler, C., U. Scholz und J. Ortmanns (2006). Wall-shear-stress and near-wall turbulence measurements up to single pixel resolution by means of long-distance micro-PIV. *Experiments in Fluids 41*(2), 327–341.

Klebanoff, P. S. (1955). Characteristics of turbulence in a boundary layer with zero pressure gradient. *NACA-TR-1247.*

Kreith, F., J. H. Taylor und J. P. Chong (1959). Heat and mass transfer from a rotating disk. *Journal of Heat Transfer 81*, 95–105.

Körner, M. (2009). Numerische Simulation der Umströmung und des Wärmeübergangs an Pkw-Scheibenbremsen unter Ausnutzung von Analogien zwischen Impuls- und Wärmeübertragung. *ZLR-Forschungsbericht 2009-04*, Institut für Strömungsmechanik, Technische Universität Braunschweig.

Lee, K. (1999). Numerical prediction of brake fluid temperature rise during braking and heat soaking. *SAE-Paper 1999-01-0483.*

Littell, H. S. und J. K. Eaton (1994). Turbulence characteristics of the boundary layer on a rotating disk. *Journal of Fluid Mechanics 266*, 175–207.

Lohrengel, J. (1987). Gesamtemissionsgrad von Schwärzen. *Heat and Mass Transfer 21*, 311–315.

Meinhart, C. D. und R. J. Adrian (1995). On the existence of uniform momentum zones in a turbulent boundary layer. *Physics of Fluids 7*, 694–696.

Mercker, E. und J. Wiedemann (1990). Comparison of different ground simulation techniques for use in automotive wind tunnels. *SAE-Paper 900321*.

Miwa, Y., N. Furuichi und M. Kumada (2002). A characteristic of the flow field on a heated rotating disk. *Third International Symposium on Ultrasonic Doppler Methods for Fluid Mechanics and Fluid Engineering, EPFL, Lausanne, Switzerland, September 9 - 11, 2002*.

Moeller, T. J., J. Ortmanns, M. El Khalfaoui und R. Radespiel (2003). The new low speed wind tunnel of the TU Braunschweig. *ICIASF '03. 20th International Congress on Instrumentation in Aerospace Simulation Facilities*, 399–402.

Morelli, A. (1969). Aerodynamic effects of an automobile wheel. *Technical Report 47/69*, MIRA.

Ohtani, K., M. Takei und M. Sakamoto (1972). Nissan full-scale wind tunnel – Its application to passenger car design. *SAE-Paper 720100*.

Oswald, L. J. und A. L. Browne (1981). The airflow field around an operating tire and its effect on tire power loss. *SAE-Paper 810166*.

Owen, J. M. und R. H. Rogers (1989). *Flow and heat transfer in rotating-disc systems. Vol 1: Rotor–stator systems.* Research Studies Press.

Pedrotti, F., L. Pedrotti, W. Bausch und H. Schmidt (2002). *Optik für Ingenieure* (2. Aufl.). Springer.

Pellé, J. und S. Harmand (2008). Heat transfer study in a discoidal system: The influence of rotation and space between disks. *International Journal of Heat and Mass Transfer 51*(13-14), 3298–3308.

Popiel, C. O. und L. Boguslawski (1975). Local heat transfer coefficients on the rotating disk in still air. *International Journal of Heat and Mass Transfer 18*, 167–170.

Prasad, A. K. (2000). Stereoscopic particle image velocimetry. *Experiments in Fluids 29*(2), 103–116.

Prasad, A. K., R. J. Adrian, C. C. Landreth und P. W. Offutt (1992). Effect of resolution on the speed and accuracy of particle image velocimetry interrogation. *Experiments in Fluids 13*(2-3), 105–16.

Prasad, A. K. und K. Jensen (1995). Scheimpflug stereocamera for particle image velocimetry in liquid flows. *Applied Optics 34*(30).

Rae, W. H. und A. Pope (1999). *Low-speed wind tunnel testing* (3 Aufl.). New-York: John Wiley.

Raffel, M., C. Willert, S. Wereley und J. Kompenhans (2007). *Particle image velocimetry* (2 Aufl.). Springer.

Repmann, C. (2002). Numerische Simulation der Umströmung und des thermischen Verhaltens belüfteter PKW-Scheibenbremsen. *ZLR-Forschungsbericht 2002-03*, Zentrum für Luft- und Raumfahrttechnik, Technische Universität Braunschweig.

Reynolds, W. C., W. M. Kays und S. J. Kline (1958a). Heat transfer in the turbulent incompressible boundary layer, part I – constant wall temperature. *NASA-MEMO-12-1-58W*.

Reynolds, W. C., W. M. Kays und S. J. Kline (1958b). Heat transfer in the turbulent incompressible boundary layer, part II – step wall-temperature distribution. *NASA-MEMO-12-2-58W*.

Reynolds, W. C., W. M. Kays und S. J. Kline (1958c). Heat transfer in the turbulent incompressible boundary layer, part III – arbitrary wall temperature and heat flux. *NASA-MEMO-12-3-58W*.

Richardson, P. D. und O. A. Saunders (1963). Studies of flow and heat transfer associated with a rotating disc. *Journal Mechanical Engineering Science 4*(5), 336—342.

Robinson, S. K. (1991). Coherent motion in the turbulent boundary layer. *Annual Review of Fluid Mechanics 23*, 601–639.

Saarenrinne, P., M. Piirto und H. Eloranta (2001). Experiences of turbulence measurement with PIV. *Measurement Science and Technology 12*(11), 1904–1910.

Saddington, A., R. Knowles und K. Knowles (2007). Laser Doppler anemometry measurements in the near-wake of an isolated Formula One wheel. *Experiments in Fluids 42*(5), 671–681.

Sargent, S. R., C. R. Hedlund und P. M. Ligrani (1998). An infrared thermography imaging system for convective heat transfer measurements in complex flows. *Measurement Science and Technology 9*(12), 1974–1981.

Scesa, S. (1951). Experimental investigation of convective heat transfer to air from a flat plate with a stepwise discontinuous surface temperature. *Master Thesis*, University of California, Berkeley.

Schlichting, H. und K. Gersten (1965). *Grenzschicht-Theorie* (5. Aufl.). G. Braun-Verlag.

Schlichting, H. und K. Gersten (1997). *Grenzschicht-Theorie* (9. Aufl.). Springer.

Schneider, F. (1974). Der Einfluss der optischen Eigenschaften auf die pyrometrische Nachweisbarkeit der Wärmestrahlung fester Körper. *Dissertation*, Technische Universität Dresden.

Schultz-Grunow, F. (1941). New frictional resistance law for smooth plates. *NACA-TM-986*.

Schulz, W. und T. Gudlin (1989). Einfluss der Bremsscheibengeometrie und der Scheibenumgebung auf die Kühlleistung bei PKW-Bremsen. *Automobil-Industrie 4*, 451–460.

Seo, J., L. Castillo, T. G. Johansson und H. Hangan (2003). Reynolds stress in turbulent boundary layers at high Reynolds number. *Journal of Turbulence 5*.

Sibulkin, M. (1954). Heat transfer to an Incompressible turbulent boundary layer and estimation of heat-transfer coefficients at supersonic nozzle throats. *Journal of Aeronautical Sciences 23*, 162–172.

Sisson, A. (1978). Thermal analysis of vented brake rotors. *SAE-Paper 780352*.

Skea, A. F. und P. R. Bullen (2000). CFD simulations and experimental measurements of the flow over a rotating wheel in a wheel arch. *SAE-Paper 2000-01-0487*.

Smith, A. G. und D. B. Spalding (1958). Heat transfer in a laminar boundary layer with constant fluid properties and constant wall temperature. *Journal of the Royal Aeronautical Society 62*, 60–64.

Soloff, S. M., R. J. Adrian und Z.-C. Liu (1997). Distortion compensation for generalized stereoscopic particle image velocimetry. *Measurement Science and Technology 8*(12), 1441–1454.

Stanislas, M., K. Okamoto, C. J. Kähler und J. Westerweel (2005). Main results of the Second International PIV Challenge. *Experiments in Fluids 39*(2), 170–191.

Stapleford, W. R. und G. W. Carr (1970). Aerodynamic characteristics of exposed rotating wheels. *Technical Report 1970/2* (1970/2), MIRA.

Thivolle-Cazat, E. und P. Gillieron (2006). Flow analysis around a rotating wheels. *13th International Symposium on Applied Laser Techniques to Fluid Mechanics, Lisbon, Portugal, June 26—29, 2006*.

Townsend, A. A. (1976). *The structure of turbulent shear flow* (2 Aufl.). Cambridge University Press.

Tropea, C., A. L. Yarin und J. F. Foss (2007). *Springer handbook of experimental fluid mechanics* (1 Aufl.). Springer.

van Doorne, C. und J. Westerweel (2007). Measurement of laminar, transitional and turbulent pipe flow using Stereoscopic-PIV. *Experiments in Fluids 42*(2), 259–279.

van Driest, E. R. (1956). The problem of aerodynamic heating. *Aeronautical Engineering Review 15*(10), 26–41.

von Kármán, T. (1921). Über laminare und turbulente Reibung. *Zeitschrift für Angewandte Mathematik und Mechanik 1*, 233–252.

von Kármán, T. (1939). The analogy between fluid friction and heat transfer. *ASME Transactions 61*(8), 705–710.

Walther, L. (1983). *Infrarotmesstechnik.* Verlag Technik.

Westerweel, J. (2000). Theoretical analysis of the measurement precision in particle image velocimetry. *Experiments in Fluids 29*(7), 3–12.

Wickern, G., K. Zwicker und M. Pfadenhauer (1997). Rotating wheels – Their impact on wind tunnel test techniques and on vehicle drag results. *SAE-Paper 970133*.

Wieneke, B. (2005). Stereo-PIV using self-calibration on particle images. *Experiments in Fluids 39*(2), 267–280.

Willert, C. (1996). The fully digital evaluation of photographic PIV recordings. *Applied Scientific Research 56*(2), 79–102.

Willert, C. (1997). Stereoscopic digital particle image velocimetry for application in wind tunnel flows. *Measurement Science and Technology 8*, 1465–1479.

Wäschle, A. (2006). Numerische und experimentelle Untersuchung des Einflusses von drehenden Rädern auf die Fahrzeugaerodynamik. *Dissertation*, Institut für Verbrennungsmotoren und Kraftfahrwesen, Universität Stuutgart.

Wäschle, A. (2007). The influence of rotating wheels on vehicle aerodnamics – Numerical and experimental investigations. *SAE-Paper 2007-01-0107*.

Young, R. L. (1956). Heat transfer from a rotating plate. *ASME Transactions 78.*

Yuan, Z. X., N. Saniei und X. T. Yan (2003). Turbulent heat transfer on the stationary disk in a rotor–stator system. *International Journal of Heat and Mass Transfer 46*(12), 2207–2218.

Zang, W. und A. K. Prasad (1997). Performance evaluation of a Scheimpflug stereocamera for particle image velocimetry. *Applied Optics 36*(33), 8738–8744.

Zhang, Z. (2000). A flexible new technique for camera calibration. *IEEE Transactions on Pattern Analysis and Machine Intelligence 22*(11), 1330–1334.

Nomenklatur

Lateinische Buchstaben

a	Temperaturleitfähigkeit
a_t	turbulente Temperaturleitfähigkeit
A	Fläche
A_K	Messstreckenquerschnitt des Modell-Unterschallwindkanals, $A_K = 1.69\,\mathrm{m}^2$
A_M	Stirnfläche des Windkanalmodells
A_S	Fläche der Bremsscheibe
b, B	Breite, Dicke
B_S	Dicke der Bremsscheibe
c	Lichtgeschwindigkeit, Absolutgeschwindigkeit, Konstante
c_0	Lichtgeschwindigkeit im Vakuum
c_1, c_2	Strahlungskonstanten
c_f	Wandreibungsbeiwert, $c_f = \tau_W/(\varrho/2 \cdot U_\infty^{*2})$
c_p	spezifische Wärmekapazität
$c_{p,S}$	spezifische Wärmekapazität der Bremsscheibe
d_0	Abstand zwischen Objekt- und Linsenebene
d_i	Abstand zwischen Linsen- und Bildebene
d_p	physikalischer Partikeldurchmesser
d_s	Durchmesser des Beugungsbildes
d_τ	Partikelbilddurchmesser
D	Beugungsöffnung des Objektives
D_R, D_S	Durchmesser des Rades, der Bremsscheibe
e	Bodenfreiheit des PKW-Halbmodells
f	Brennweite, Funktion
$f_\#$	Blendenzahl
F	Frequenz, 3D-Abbildungsfunktion
F_O	Anteil der Partikel, die sich zu beiden Aufnahmezeitpunkten im Laserlichtschnitt befinden
$G(\lambda)$	Gladstone-Dale-Zahl
G	Grauwert
$\overline{G}$	zeitlich gemittelter Grauwert
h	Plancksches Wirkungsquantum, $h = 6.62606957 \cdot 10^{-34}$ Js
I	elektrische Stromstärke
k	turbulente kinetische Energie der Strömung

	$k = q^2/2 = 0.5\left(\overline{u'^2} + \overline{v'^2} + \overline{w'^2}\right)$
k_B	Boltzmann-Konstante, $k_B = 1.380662 \cdot 10^{-23}\,\mathrm{JK}^{-1}$
k_s	Sandrauheitshöhe
K_i	Übersetzungsverhältnis des Stromwandlers
l, L	Längen
L	Strahldichte
L_0	Länge der unbeheizten Anlaufstrecke
L_λ	spektrale Strahldichte
m	Korrelationsexponent
m_S	Masse der Bremsscheibe
M	spezifische Ausstrahlung, Abbildungsmaßstab
M_λ	spektrale spezifische Ausstrahlung
n	Brechungsindex, Drehzahl
N	Anzahl
N_G	Anzahl der Gitterpunktabstände im Bildausschnitt
N_I	mittlere Anzahl von Partikelbildern in einem Auswertefenster
Nu_x	lokale Nußelt-Zahl, $Nu = \alpha_W x/\lambda$
Nu_L	über die Plattenlänge L gemittelte Nußelt-Zahl
P_H	elektrische Heizleistung
Pr	Prandtl-Zahl, $Pr = \nu/a = \mu c_p/\lambda$
Pr_t	turbulente Prandtl-Zahl, $Pr_t = \nu_t/a_t$
q_∞	Staudruck
$\dot{q}$	Wärmestromdichte, $\dot{q} = \dot{Q}/A$
$\dot{q}_H$	von der Heizfolie abgegebene Wärmestromdichte
$\dot{q}_W$	an der Wand abgegebene Wärmestromdichte
Q	Wärmemenge
$\dot{Q}_H$	von der Heizfolie abgegebener Wärmestrom, entspricht der mittleren Heizleistung $\overline{P}_H$
r	Raumkoordinate in radialer Richtung
R	Radius, elektrischer Widerstand
R_R, R_S	Radius des Rades, der Bremsscheibe
Re_D	Reynolds-Zahl gebildet mit dem Durchmesser des Rades D_R, $Re_D = U^*_\infty D_R/\nu$
Re_L	Reynolds-Zahl gebildet mit der charakteristischen Länge L, $Re_L = U^*_\infty L/\nu$
Re_x	lokale Reynolds-Zahl, $Re_x = U^*_\infty x/\nu$
Re_λ	Wärmeleitwiderstand
Re_θ	Reynolds-Zahl gebildet mit der Impulsverlustdicke θ $Re_\theta = U^*_\infty \theta/\nu$
Re_ω	Reynolds-Zahl gebildet mit der Umfangsgeschwindigkeit ωR_S und dem Radius R_S der Bremsscheibe, $Re_\omega = \omega R_S^2/\nu$
St	lokale Stanton-Zahl, $St = Nu_x/(Re_x Pr)$

St_{it}	lokale Stanton-Zahl für eine isotherme Platte
t	Zeit
T	Temperatur, Periodendauer
T_E	Eigentemperatur
T_{ges}	Gesamttemperatur
T_{Ref}	Referenztemperatur
T_S	Bremsscheibentemperatur
T_W	Wandtemperatur
$\overline{T}_W$	zeitlich gemittelte Wandtemperatur
$\overline{T}_{W,S}$	über die Bremsscheibe gemittelte Wandtemperatur $\overline{T}_W$
T_∞	statische Temperatur in der Messstrecke
Tu	Turbulenzgrad $Tu = \sqrt{\overline{u'^2}}/U_\infty$
u	momentane Geschwindigkeitskomponente in x-Richtung, $u = \overline{u} + u'$; Umfangsgeschwindigkeit $u = \omega r$; Standardunsicherheit
v	momentane Geschwindigkeitskomponente in y-Richtung, $v = \overline{v} + v'$; Relativgeschwindigkeit
w	momentane Geschwindigkeitskomponente in z-Richtung, $w = \overline{w} + w'$
u^+	dimensionslose Geschwindigkeit in der Wandschicht, $u^+ = \overline{u}/u_\tau$
u_τ	Wandschubspannungsgeschwindigkeit, $u_\tau = \sqrt{\tau_W/\rho}$
$\overline{u}_\omega$	zeitlich gemittelte Geschwindigkeitskomponente in Umfangsrichtung im bewegten Bezugssystem der Scheibe
$\overline{u}$, $\overline{v}$, $\overline{w}$	zeitlich gemittelte Geschwindigkeitskomponenten in x-, y- und z-Richtung
$\overline{u}_\delta$	zeitlich gemittelte Geschwindigkeitskomponente in x-Richtung am Grenzschichtrand
u', v', w'	Komponenten der Geschwindigkeitsschwankungen in x-, y- und z-Richtung
$\overline{u'^2}$	Varianz der Geschwindigkeitskomponente in x-Richtung
$\overline{v'^2}$	Varianz der Geschwindigkeitskomponente in y-Richtung
$\overline{w'^2}$	Varianz der Geschwindigkeitskomponente in z-Richtung
$\overline{U}$	Betrag des mittleren Geschwindigkeitsvektors, $\overline{U} = \sqrt{\overline{u}^2 + \overline{v}^2 + \overline{w}^2}$
$\overline{U}_{xz}$	Betrag des mittleren Geschwindigkeitsvektors in der xz-Ebene, $\overline{U}_{xz} = \sqrt{\overline{u}^2 + \overline{w}^2}$
$\vec{U}$	Geschwindigkeitsvektor der Komponenten u, v und w
U_∞	Geschwindigkeit der freien Zuströmung
U_∞^*	korrigierte Kanalgeschwindigkeit
$U_{\infty,\omega}^*$	Geschwindigkeitskomponente am Grenzschichtrand im bewegten Bezugssystem der Scheibe
U	elektrische Spannung, erweiterte Messunsicherheit

x	Raumkoordinate in Strömungsrichtung, Eingangsgröße
y	Raumkoordinate in wandnormaler Richtung bzw. in Richtung der Antriebsachse des Rades, Ausgangsgröße
z	Raumkoordinate in Spannweitenrichtung bzw. in wandnormaler Richtung zum Fahrbahnboden
x_H	Lauflänge bezogen auf den Beginn des beheizten Segmentes
y^+	dimensionslose Wandabstandskoordinate, $y^+ = yu_\tau/\nu$
z_{KP}	Position der Kalibrierplatte in z-Richtung

Griechische Buchstaben

α	Absorptiongrad, Winkel
α_W	Wärmeübergangskoeffizient an der Wand
$\overline{\alpha}_W$	zeitlich gemittelter Wärmeübergangskoeffizient
$\overline{\alpha}_{W,S}$	über die Bremsscheibe gemittelter Wärmeübergangskoeffizient $\overline{\alpha}_W$
β	Winkel
δ	Grenzschichtdicke bei 99% der Außengeschwindigkeit
δ_1	Verdrängungsdicke der Grenzschicht
δ_L	Leitungsdicke, $\delta_L = \lambda/\alpha_W$
δ_T	Dicke der Temperaturgrenzschicht
δ_z	Tiefenschärfe
δ_ω	Grenzschichtdicke an einer in ruhender Umgebung rotierenden Scheibe
Δ	Verschiebung, Differenz
ϵ	Emissionskoeffizient
ϵ_{GV}	relative Geschwindigkeitserhöhung durch Modell- und Nachlaufversperrung, $\epsilon_{GV} = \Delta\overline{u}/U_\infty$
ϵ_{MV}	Modellversperrung
ϵ_{NV}	Nachlaufversperrung
ϵ_t	turbulente Dissipation
φ	Azimuthwinkel
φ_V	Versperrung der Messstrecke durch das Modell, $\varphi_V = A_M/A_K$
ϕ	Winkel zwischen Linsen- und Bildebene der PIV-Kameras, Phasenverschiebung zwischen Wechselspannung und -strom
Φ	Strahlungsfluß
η	Kolmogorov-Längenmaß
κ	Karman-Konstante
λ	Wellenlänge, Wärmeleitfähigkeit
μ	dynamische Viskosität
ν	kinematische Viskosität, $\nu = \mu/\rho$
ν_t	kinematische Wirbelviskosität
ϑ	Zenithwinkel

θ	Impulsverlustdicke der Grenszschicht, Kamerawinkel
ϱ	Luftdichte
ϱ_W	Luftdichte in der wandnahen Schicht
ϱ_∞	Luftdichte in großem Abstand von der Wand
ρ	Reflexionsgrad
σ	Stefan-Boltzmann-Konstante, $\sigma = 5.670400 \cdot 10^{-8}$ Wm^{-2}K^{-2}
τ	Transmissionsgrad
τ_W	resultierende Wandschubspannung, $\tau_W = \sqrt{\tau_{Wx}^2 + \tau_{Wz}^2}$
τ_{Wx}	Wandschubspannung in x-Richtung, $\tau_{Wx} = \mu\,(\partial\overline{u}/\partial y)_W$
τ_{Wz}	Wandschubspannung in z-Richtung, $\tau_{Wz} = \mu\,(\partial\overline{w}/\partial y)_W$
ω	Winkelgeschwindigkeit, $\omega = 2\pi n$
Ω	Raumwinkel

Indizes

ax	axial
AT	Atmosphäre
D	Durchmesser
ges	gesamt
G	Gitter
GV	Gesamtversperrung
H	Heizung
it	isotherm
IR	Infrarotkamera
j	Variablenindex
$krit$	kritisch
K	Körper
(K)	Konvektion
KP	Kalibrierplatte
L	Länge, Wärmeleitung
(L)	Wärmeleitung im Festkörper
M	Modell
MF	Messfenster
MV	Modellversperrung
NV	Nachlaufversperrung
PT	Platin-Flachmesswiderstand
r	radial
Ref	Referenz
R	Rad
(s)	schwarzer Körper
st	statisch
S	Bremsscheibe

(S)	Wärmestrahlung
t	turbulent
T	Temperatur
u	in Umfangsrichtung
UG	Umgebung
V	Versperrung
W	Wand
WK	Windkanal
WL	Stromwandler
x, y, z	Koordinatenrichtungen betreffend
δ	auf den Grenzschichtrand bezogen
λ	spektral, Wärmeleitfähigkeit
ω	Winkelgeschwindigkeit
∞	im Unendlichen

weitere Zeichen

$'$	Schwankungsgröße, transformierte Größe
$\bar{}$	zeitlicher Mittelwert
$\vec{}$	Vektor
$^+$	Werte in der Wandschicht, normiert mit u_τ bzw. ν/u_τ
*	korrigierter Wert

Abkürzungen

CCD	Charge Coupled Device
CMOS	Complementary Metal Oxide Semiconductor
CNC	Computerized Numerical Control
GUM	Guide to the Expression of Uncertainty in Measurement
InSb	Indium Antimonide
LDA	Laser Doppler Anemometrie
LES	Large Eddy Simulation
Nd:YAG	Neodym-Yttrium-Aluminium-Granat
NETD	Noise Equivalent Temperature Difference
NUC	Non Uniformity Correction
OV	Overlap, Überlappung von Auswertefenstern
PIV	Particle Image Velocimetry
RMS	Root Mean Square
SPIV	Stereoskopische Particle Image Velocimetry
UZS	Uhrzeigersinn

Anhang

A.1 Berechnung der Messunsicherheit

In vielen Fällen kann eine gesuchte Größe nicht direkt gemessen werden, sondern muss über einen funktionalen Zusammenhang aus zugänglichen Messgrößen errechnet werden. Sind die direkt gemessenen Eingangsgrößen $x_1, x_2, ..., x_k$ mit Fehlern behaftet, so ist die gesuchte Größe $y = f(x_1, x_2, ..., x_k)$ ebenfalls fehlerbehaftet. Mit Hilfe des *Gaußschen Fehlerfortpflanzungsgesetzes* lässt sich aus den *Standardunsicherheiten* der Einzelgrößen u_{xj} die der Ausgangsgröße zuzuordnende kombinierte Standard-Messunsicherheit u_y ermitteln:

$$u_y = \sqrt{\sum_{j=1}^{k} \left(\frac{\partial f}{\partial x_j} u_{x_j} \right)^2} \tag{A.1}$$

Nach dem *Guide to the Expression of Uncertainty in Measurement* (GUM) können die Standardunsicherheiten der Einzelgrößen aus Wiederholungsmessungen (statistische Art, Typ A) oder aus anderen Quellen (nichtstatistische Art, Typ B), wie beispielsweise Datenblättern, Kalibrierscheinen oder Erfahrungswerten, ermittelt werden (ISO 1993). Dabei werden nach dem GUM beide Varianten gleichwertig behandelt, so dass bei einer Messunsicherheitsbetrachtung die Typen A und B miteinander gemischt werden können. Dies bedeutet gleichzeitig, dass der GUM eine Kombination von zufälligen und (unbekannten) systematischen Messabweichungen nach dem Gaußschen Fehlerfortpflanzungsgesetz erlaubt. Im Falle einer Typ-A-Ermittlung lässt sich die Standardunsicherheit unter Annahme einer *Gaußschen Normalverteilung* nach der Definitionsgleichung für die empirische Standardabweichung zu

$$u_x = \sqrt{\frac{1}{N-1} \sum_{i=1}^{N} (x_i - \overline{x})^2} \tag{A.2}$$

berechnen. Liegen keine Daten aus Wiederholungsmessungen erfolgte eine Typ-B-Ermittlung der Standardunsicherheit. Dafür muss zunächst eine Abschätzung getroffen werden, welche Verteilungsfunktion der zur Verfügung stehenden Fehlerangabe zu Grunde liegt. Als Beispiel sei an dieser Stelle die Rechteckverteilung genannt, bei der die Messwerte innerhalb des Intervalls $\pm a$ enthalten sind. Diese Verteilungsfunktion kommt unter anderem zur Anwendung, wenn für eine Größe

Angaben zu den Fehlergrenzen, der Toleranzklasse oder dem Digitalisierungsfehler vorliegen. Die Standardunsicherheit berechnet sich in diesem Fall zu

$$u_x = \frac{a}{\sqrt{3}} \tag{A.3}$$

Weitere Informationen zu den gebräuchlichen Verteilungsfunktionen können beispielsweise Hoffmann (2002) entnommen werden.

Wird eine Größe mehrfach gemessen, reduziert sich die mittlere Standardunsicherheit des Mittelwertes – unter der Voraussetzung, dass keine systematischen Messfehler vorliegen – gegenüber der Unsicherheit des Einzelwertes nach der Beziehung

$$u_{\overline{x}} = \frac{u_x}{\sqrt{N}} \tag{A.4}$$

Obwohl bei der Berechnung der kombinierten Standardunsicherheit teilweise nicht normalverteilte Eingangsgrößen miteinander kombiniert werden, ergibt sich nach dem Grenzwertsatz der Wahrscheinlichkeitstheorie eine näherungsweise normalverteilte Ausgangsgröße, siehe Hoffmann (2002). Für die kombinierte Standardunsicherheit nach Gleichung (A.1) gilt daher eine Auftrittswahrscheinlichkeit von 68% und für die über

$$U_y = 2 \cdot u_y \tag{A.5}$$

berechnete erweiterte Messunsicherheit eine Auftrittswahrscheinlichkeit von 95%. Abschließend soll darauf hingewiesen werden, dass die Aufstellung der zur Berechnung der kombinierten Standardunsicherheit benötigten Modellgleichung $y = f\left(x_1, x_2, ..., x_k\right)$ in der Praxis nicht immer eindeutig möglich ist. In diesen Fällen werden die Empfindlichkeitskoeffizienten in Gleichung (A.1) vereinfacht zu ${}^{\partial f}/_{\partial x_j} = 1$ gesetzt. Des Weiteren wird bei der Durchführung der Fehlerbetrachtungen angenommen, dass die Eingangsgrößen unkorreliert sind.

A.2 Stoffwerte

In Tabelle A.1 sind die im Rahmen dieser Arbeit verwendeten Stoffwerte aufgeführt, die – sofern nicht anders angegeben – der Zusammenstellung in Baehr und Stephan (1998) entnommen wurden. Die Temperaturabhängigkeit der Stoffwerte von Luft wurde mit Hilfe von Polynomen (Wärmeleitfähigkeit λ, kinematische Viskosität ν und Prandtl-Zahl Pr) bzw. Potentialfunktionen (Luftdichte ϱ) approximiert, die sich auf die in Baehr und Stephan (1998) angegebenen Stützstellen beziehen.

A.3 Empirische Korrelation nach Reynolds

Auf Basis der Analogie von von Kármán (1939) und des Wandreibungsgesetzes von Schultz-Grunow (1941) lässt sich nach Reynolds et al. (1958c) der Wärme-

Stoff	ϱ [kg/m³]	λ [W/Km]	c_p [kJ/kgK]	ν [m²/s]	Pr [-]
Luft bei $p = 1\,\text{bar}$	1.188	$25.69 \cdot 10^{-3}$	1.007	$15.35 \cdot 10^{-6}$	0.714
Aluminium	-	192.163	-	-	-
Stahl	-	43.013	-	-	-
Heizfolienisolierung†	-	0.433	-	-	-
Keramikpapier ‡	349	0.030	1.21	-	-
bei $T = 150\,°$	349	0.030	1.11	-	-
bei $T = 250\,°$	349	0.031	1.04	-	-

†Werte aus Herstellerangaben
‡Werte experimentell ermittelt vom Bayerischen Zentrum für Angewandte Energieforschung

Tabelle A.1: Stoffwerte für Fluid und Festkörper bei $T = 20\,°\text{C}$.

übergang an einer über die gesamte Länge isothermen Platte über

$$St_{it} = \frac{Nu_x}{Re_x Pr} = 0.0296 Pr^{-0.4} Re_x^{-0.2} \cdot \left({}^{T_w}/_{T_\infty}\right)^{-0.4} \tag{A.6}$$

ermitteln. Der Faktor $\left({}^{T_w}/_{T_\infty}\right)^{-0.4}$ dient dabei zur Korrektur der Temperaturabhängigkeit der Stoffwerte und wurde bei den durchgeführten Berechnungen nicht berücksichtigt. Unter Verwendung des Superpositionsprinzips kann die gesuchte Temperaturverteilung $\Delta T(x) = T_W - T_\infty$ – für das vorliegenden Problem einer bei $x = L_0$ eingeleiteten konstanten Wärmestromdichte $\dot{q}_W^{(K)}$ – nun über folgende Gleichungen berechnet werden:

$$\Delta T = 0, \qquad \dot{q}_W^{(K)} = 0 \quad \text{für} \quad x < L_0 = 522.6\,\text{mm} \tag{A.7}$$

$$\Delta T = \frac{0.959b}{\varrho U_\infty^* c_p St_{it}} \cdot \frac{B_r({}^1/_9, {}^{10}/_9)}{B_1({}^1/_9, {}^{10}/_9)}, \qquad \dot{q}_W^{(K)} = b \quad \text{für} \quad x \geq L_0 = 522.6\,\text{mm} \tag{A.8}$$

Die Beziehung (A.8) lässt sich durch Einsetzen von Gleichung (A.6) weiter umformen zu

$$\Delta T = \frac{0.959x \cdot \dot{q}_W^{(K)}}{0.0296 Pr^{0.6} Re_x^{0.8} \lambda} \cdot \frac{B_r({}^1/_9, {}^{10}/_9)}{B_1({}^1/_9, {}^{10}/_9)} \tag{A.9}$$

Die auftretende Funktion $B_r({}^1/_9, {}^{10}/_9)$ bzw. $B_{r=1}({}^1/_9, {}^{10}/_9)$ wird durch das Integral

$$B_r({}^1/_9, {}^{10}/_9) = \int_0^r s^{1/9-1}(1-s)^{10/9-1} ds \tag{A.10}$$

beschrieben, das numerisch gelöst wurde. Die Variablen r und s sind dabei definiert als

$$r = 1 - \left({}^{L_0}/_x\right)^{9/10} \quad \text{und} \quad s = \left({}^{L_0}/_x\right)^{9/10} \tag{A.11}$$

Die als Eingabeparameter benötige konvektive Wärmestromdichte $\dot{q}_W^{(K)}$ wurde mit Hilfe von Gleichung (4.2) aus der gemessenen Heizleistung zu

$$\dot{q}_W^{(K)} = 8.20\,\mathrm{kW/m^2} \qquad \text{für} \quad \overline{T}_{W,S} \approx 100\,^\circ\mathrm{C} \tag{A.12}$$

$$\dot{q}_W^{(K)} = 17.29\,\mathrm{kW/m^2} \qquad \text{für} \quad \overline{T}_{W,S} \approx 200\,^\circ\mathrm{C} \tag{A.13}$$

bestimmt. Alle Stoffwerte wurden für die jeweilige Kanaltemperatur von $T_\infty = 25.12\,^\circ\mathrm{C}$ ($\overline{T}_{W,S} \approx 100\,^\circ\mathrm{C}$) bzw. $T_\infty = 25.49\,^\circ\mathrm{C}$ ($\overline{T}_{W,S} \approx 200\,^\circ\mathrm{C}$) eingesetzt und basieren auf den in Baehr und Stephan (1998) angegebenen Werten, siehe auch Anhang A.2.

Danksagung

Zunächst gilt mein besonderer Dank Professor Dr. Rolf Radespiel für die wissenschaftliche Betreuung meiner Arbeit, die hilfreichen fachlichen Diskussionen und wertvollen Anregungen sowie die Geduld bis zur Fertigstellung meiner Arbeit. Professor Dr. Ulrich Seiffert danke ich neben der Übernahme des Zweitgutachtens für die kritischen Nachfragen und die konstruktiven Ratschläge. Ebenfalls danken möchte ich Professor Dr. Ferit Kücükay für die Übernahme des Prüfungsvorsitzes und die freundliche Leitung der Prüfung.

Den ehemaligen Kollegen vom Institut für Strömungsmechanik in Braunschweig und insbesondere Dr. Thorsten Möller danke ich für die freundschaftliche Arbeitsatmosphäre, den fachlichen Rat und die ständige Diskussions- und Hilfsbereitschaft bezüglich der Planung und Durchführung der vielen Versuche. Dankbar bin ich auch Professor Dr. Christian J. Kähler, der während meiner Diplomarbeit mein Interesse an der experimentellen Aerodynamik geweckt hat und mir ebenso wie Dr. Rainer Hain bei meßtechnischen Fragen hilfreiche Anregungen gegeben hat.

Desweiteren gilt mein Dank der Volkswagen AG für die Förderung des Projektes. Sehr viel Spaß hat mir die intensive und angenehme Zusammenarbeit mit Dr. Matthias Körner bereitet, dem ich für die gewinnbringenden fachlichen Diskussionen danken möchte. Mein weiterer Dank gilt Dr. Friedhelm Decker für den regelmäßigen Austausch und seine fachkundigen Denkanstöße.

Von ganzem Herzen danke ich meiner Freundin Kathrin, für Ihre liebevollen Ermutigungen, Ihre große Geduld und den starken Rückhalt, der mir bei der Beendigung der Arbeit sehr geholfen hat. Schließlich möchte ich mich herzlich Bedanken bei meiner Familie und insbesondere meiner Mutter für die Unterstützung und die fortwährende Aufmunterung meine Arbeit zu Ende zu führen. Ich widme die Dissertation meinem Vater.